FACHKUNDE ELEKTROTECHNIK

Das Handbuch für Einsteiger

WirmachenDruck.de
Sie sparen, wir drucken!

Email: info@edition-lunerion.de
www.edition-lunerion.de

Psiana eCom UG
Berumer Str. 44
26844 Jemgum

Inhalt

Elektrotechnik als Schlüsseltechnologie der Moderne

Die Elektrotechnik ist eine Schlüsseltechnologie, die unsere moderne Welt gestaltet und prägt. Dieses Buch richtet sich an alle, die die Grundlagen und Anwendungen dieses faszinierenden Fachgebiets erlernen oder vertiefen möchten. Ob Sie als Studierende, Fachkräfte oder Technikbegeisterte in die Materie eintauchen – das Ziel ist es, Sie auf diesem Weg umfassend zu begleiten.

Im ersten Kapitel erhalten Sie eine Einführung in die Elektrotechnik und ihre Bedeutung für unseren Alltag. Hier werden die grundlegenden Begriffe, Konzepte und Sicherheitsaspekte, die für ein fundiertes Verständnis unverzichtbar sind, erklärt. Im weiteren Verlauf des Buches werden die physikalischen Grundlagen vertieft und die Funktionsweise elektrischer Schaltungen sowie die Komponenten, die diese ermöglichen, beleuchtet.

Themen wie Wechselstromtechnik, Elektromagnetismus, erneuerbare Energien und digitale Schaltungen zeigen, wie vielseitig und dynamisch die Elektrotechnik ist. Ebenso werden wichtige aktuelle Entwicklungen beleuchtet, darunter die Automatisierungstechnik und das Internet der Dinge (IoT). Praktische Beispiele, Formelsammlungen und Anwendungen erleichtern Ihnen dabei die Umsetzung des Gelernten in die Praxis.

Dieses Buch soll nicht nur Wissen vermitteln, sondern auch Inspiration für die Zukunft bieten. Elektrotechnik eröffnet unzählige Möglichkeiten, um Ihr Leben nachhaltiger, effizienter und vernetzter zu gestalten. Lassen Sie sich von den Inhalten dieses Buches dazu anregen, eigene Ideen und Projekte zu entwickeln.

Tauchen Sie ein in die Welt der Elektrotechnik – und lassen Sie sich begeistern!

Kapitel 1: Einführung in die Elektrotechnik

In diesem Kapitel erhalten Sie eine umfassende Einführung in das breite Thema der Elektrotechnik. Dabei stehen Fragen im Fokus wie „Was genau ist Elektrotechnik?" oder „Welche historischen Meilensteine sollten Sie kennen?". Auch wird beleuchtet, welche Bedeutung das Thema heute im Alltag einnimmt und welche grundlegenden Konzepte Ihnen vertraut sein sollten. Diese und viele andere Fragen werden im Folgenden ausführlich behandelt. Tauchen Sie nun in die spannende Welt der Elektrotechnik ein!

WAS IST ELEKTROTECHNIK?

Elektrotechnik gehört zu den Ingenieurswissenschaften. Es handelt sich dabei um ein Teilgebiet, das sich mit der Forschung, Entwicklung und Anwendung von Elektrizität befasst. So spielen beispielsweise die Produktion und die Instandhaltung von elektrischen und elektronischen Geräten und Systemen eine wichtige Rolle.

Exkurs:
Der Unterschied zwischen elektrischen und elektronischen Geräten
Elektrische Geräte sind von **elektronischen** in diversen Merkmalen zu unterscheiden. Grundsätzlich ist das Konvertieren der Energie der Hauptunterschied zwischen beiden Gerätearten.

Elektronische Geräte konvertieren elektrische Energie in andere Energieformen – beispielsweise Wärme, Licht oder Ton. Um diesen Vorgang durchzuführen, steuern die elektronischen Geräte den Vorgang von sogenannten Elektronen. Elektronische Geräte benötigen sogenanntes Halbleitermaterial, um einen Stromfluss zu erzeugen.

Im Unterschied dazu verwenden **elektrische Geräte** Aluminium oder Kupferdrähte.

Ein weiteres Unterscheidungsmerkmal ist die **Spannungshöhe:**
Elektrische Geräte arbeiten grundsätzlich mit hoher Spannung, **elektronische** mit niedriger Spannung. Daher ist auch der Stromverbrauch bei elektrischen Geräten wesentlich höher als bei elektronischen. Im heutigen Zeitalter ist außerdem bemerkbar, dass Elektronik sehr klein sein kann. Sie passt etwa auf einen Chip. Elektrik hingegen ist in der Regel deutlich größer.

Ein kurzer Einblick in die Geschichte

Die Geschichte der Elektrotechnik geht bis ins 18. Jahrhundert zurück. Erste große Meilensteine wurden von Wissenschaftlern wie Benjamin Franklin und Alessandro Volta mithilfe besonders innovativer Experimente erreicht. Doch was zeichnet diese Persönlichkeiten und ihre Entdeckungen genau aus?

Benjamin Franklin

Benjamin Franklin wurde am 17. Januar 1706 im US-amerikanischen Boston, Massachusetts, geboren. Zeit seines Lebens war er an zahlreichen Bereichen des Allgemeinwohls interessiert und arbeitete als Drucker, Verleger, Schriftsteller, Naturwissenschaftler, Erfinder und Staatsmann.

Er zählt zu den **Gründervätern der Vereinigten Staaten** und war am Entwurf der Unabhängigkeitserklärung beteiligt. Franklin war einer der Unterzeichner und handelte später auch den Allianzvertrag mit Frankreich aus. Aufgrund seines starken Verlangens, einen Beitrag zum Gemeinwohl zu leisten, ist er für zahlreiche Aktivitäten und Erfindungen bekannt. So ist Franklin auch für die **erste Leihbibliothek** der USA und die **Erfindung des Blitzableiters** bekannt.

Im Jahr 1752 führte Benjamin Franklin den berühmten **Drachenversuch** durch, bei dem er einen Drachen mit einer Metallspitze in ein Gewitter schickte und so nachwies, dass Blitze elektrische Entladungen sind. Dieser Entdeckung folgte später die Entwicklung des Blitzableiters, die Häuser zusätzlich vor Gewitterschäden schützen sollte.

Benjamin Franklin starb am 17. April 1790 im US-amerikanischen Philadelphia, Pennsylvania.

Alessandro Volta

Alessandro Antonio Anastasio Volta wurde am 18. Februar 1745 im italienischen Como geboren. Er galt als einer der bedeutendsten italienischen Physiker. Zu seinen größten Erfindungen gehört die **Volta'sche Säule** – heute besser bekannt als die **elektrische Batterie**. Die Batterie ermöglichte erstmals, elektrischen Strom zu erzeugen und zu speichern. Sie legte den Grundstein für die weitere Entwicklung der Elektrotechnik, denn nun konnte Energie gespeichert und dadurch länger genutzt werden. Geräte konnten mit Batterien betrieben werden, ohne dass sie permanent an ein fließendes Stromnetz angeschlossen sein mussten.

Durch Erfindungen wie diese ist er heute als **einer der Begründer der Elektrizitätslehre** bekannt. Nach ihm wurde die SI-Einheit für die elektrische Spannung benannt: **Volt**. Volta starb am 15. März 1827, ebenfalls in Como.

Ein weiterer Meilenstein wurde im Jahr 1831 gelegt, als **Michael Faraday** das Prinzip der **elektromagnetischen Induktion** entdeckte.

Michael Faraday

Michael Faraday (geboren am 22. September 1791 in Newington, Surrey, gestorben am 25. August 1867 in Hampton Court Green, Middlesex) war ein englischer Naturforscher. Er gilt als einer der wichtigsten Experimentalphysiker der Geschichte. Bekannt wurde er vor allem für die Entdeckung der **elektromagnetischen Induktion** und der **elektromagnetischen Rotation**. Mit seinen Experimenten und Entdeckungen legte er den Grundstein für den Fortschritt der Elektroindustrie.

Faraday entdeckte, dass eine Änderung des magnetischen Feldes eine elektrische Spannung induziert. Das Prinzip der **elektromagnetischen Induktion** besagt entsprechend, dass eine Änderung des magnetischen Feldes in der Nähe eines Leiters eine elektrische Spannung in diesem Leiter erzeugt. Wenn beispielsweise ein Magnetfeld durch eine Spule bewegt wird, entsteht in der Spule eine elektrische Spannung. Faraday entwickelte damit das **Grundprinzip für die Funktionsweise von Generatoren und Transformatoren.**

In einem **Generator** wird mechanische Energie in Form von Bewegung in elektrische Energie umgewandelt. Diese ermöglichten erstmals, elektrische Energie in größeren Mengen zu erzeugen.

In einem **Transformator** wird die elektromagnetische Induktion verwendet, um die Spannung zu erhöhen oder zu verringern.

Auch die **Erfindung des Telegrafen** gilt als einer der wichtigsten Schritte in der Geschichte und Entwicklung der Elektrotechnik. Dies geschah im Jahr 1837 durch den Wissenschaftler **Samuel Morse**. Der Telegraf revolutionierte die Kommunikationstechnologie und ermöglichte es erstmals, Nachrichten über große Entfernungen hinweg in kürzester Zeit zu übermitteln.

Samuel Morse

Samuel Finley Breese Morse, geboren am 27. April 1791 in Charlestown, Massachusetts, war ein US-amerikanischer Erfinder und Professor für Malerei, Plastik und Zeichenkunst. Zu seinen wichtigsten Errungenschaften zählt die **Erfindung des Schreibtelegrafen** – dem sogenannten **Morseapparat**. Er war maßgeblich an der Erfindung des frühen **Morsecodes** beteiligt, weshalb dieser auch seinen Namen trägt. Später wurde der Code als Land Line Code oder American Morse Code bezeichnet. Gestorben ist Morse am 2. April 1872 in New York.

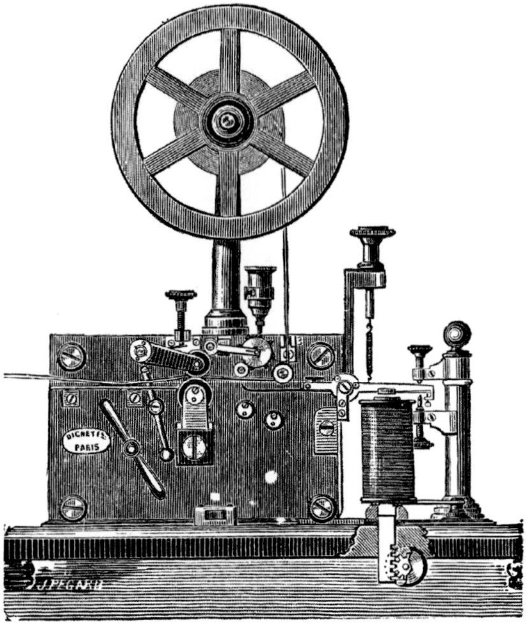

Ein Meilenstein, den nahezu jedes Kind im Schulunterricht kennenlernt, ist schließlich die **Erfindung der Glühbirne** durch **Thomas Edison**.

Thomas Alva Edison

Thomas Edison, geboren am 11. Februar 1847 in Milan, Ohio, war ein US-amerikanischer Erfinder und Elektroingenieur. Er war vor allem für besonders marktfähige Erfindungen bekannt, die seinen Unternehmergeist widerspiegelten. Seinen Schwerpunkt legte er auf Elektrizität und Elektrotechnik, beispielsweise mit Systemen für die **Stromerzeugung** und **Stromverteilung**. Größere Durchbrüche gelangen ihm durch Erfindungen im Bereich der **Telekommunikation und Medien**. Edison starb am 18. Oktober 1931 in West Orange, New Jersey. An der Entwicklung der Glühbirne hatten schon seit vielen Jahren viele verschiedene Wissenschaftler gefeilt. Thomas Edison erfand jedoch den Aufbau und die Funktionsweise der **Glühbirne** in ihrer heutigen Form im Jahr 1879. Diese Glühbirne zeichnete sich durch Kohlefäden und eine perfekte Vakuumversiegelung aus. Angeblich sollte dies für etwa 40 Stunden Leuchtdauer ausreichen. Ein Test der sogenannten Kohlefadenlampe erfolgte noch im gleichen Jahr. Da dieser erfolgreich verlief, gilt der **21. Oktober 1879** als Erfindungsdatum der praktischen Glühbirne. Wer tatsächlich die erste Idee zur Glühbirne hatte, bleibt bis heute ungeklärt. Tatsache ist jedoch, dass Thomas Edison das Gerät **perfektionierte**. Schon ein Jahr später, 1880, ließ er diese Art Birne patentieren. Das Patent meldete Edison in den USA an. Zu einer Zeit, in der noch kein ausgefeiltes Stromnetz vorhanden war, galt dies als einer der größten Durchbrüche in der Welt der Physik.

Die Glühbirne war vor allem ein Durchbruch in der Beleuchtungstechnologie und leitete das Zeitalter der Elektrizität ein. Kerzen und Petroleumlampen als primäre Leuchtmittel gehörten nun der Vergangenheit an. Erstmals konnten Räume mit Hilfe von Elektrizität beleuchtet werden. Menschen konnten nunmehr auch die dunklen Stunden für produktive Arbeiten nutzen. Heute ist ein Leben ohne diese Art der Beleuchtung kaum mehr vorstellbar.

Ebenfalls im Jahr 1879 wurde die erste **elektrische Eisenbahn** auf einer Gewerbeausstellung in Berlin präsentiert. Sie fuhr damals mit einer Höchstgeschwindigkeit von 12 km/h.

Weitere wichtige Meilensteine in der Geschichte wurden im **20. Jahrhundert** erreicht. 1931 wurde zum Beispiel das erste **elektronische Fernsehgerät** eingeführt. Besonders rasch entwickelte sich die Elektrotechnik jedoch **nach 1950**. Entwicklungen konnten in den vorherigen Jahren auch aufgrund des Zweiten Weltkrieges nicht besonders schnell vorangetrieben werden. In den 1950er Jahren wurden beispielsweise die ersten **integrierten Schaltkreise** entwickelt. Sie ermöglichten eine noch größere **Miniaturisierung elektronischer Geräte** und legten den Grundstein für die Entwicklung von Computern, Mobiltelefonen und anderen High-Tech-Geräten. Heutzutage sind elektronische Geräte so klein, dass sie gar auf winzige **Chips** passen.

Ein solcher Chip wurde erstmals in den **1970er** Jahren entwickelt: Der erste **Mikroprozessor**. Er enthielt einen vollständigen Computerprozessor auf einem einzigen Siliziumchip. Mikroprozessoren revolutionierten die Computerindustrie und ermöglichten die Entwicklung von Personalcomputern, Laptops und später auch Smartphones. Etwas zuvor in den **1960er Jahren** wurden **digitale Kommunikationstechnologien** wie das Modem entwickelt, das es erstmals ermöglichte, Daten über Telefonleitungen zu übertragen.

Mit Anbruch des **neuen Jahrtausends** entstanden schließlich zahlreiche moderne Entwicklungen, die heute noch eine große Rolle im Alltag spielen. So markierte etwa die **Einführung des ersten iPhones** im Jahr **2007** den Beginn des **Smartphone-Zeitalters**. Smartphones haben die Art und Weise revolutioniert, wie Kommunikation erfolgt, Informationen abgerufen und auf elektronische Dienste zugegriffen wird. Sie vereinen Funktionen wie Telefonie, Internetzugang, Kamera, GPS und vieles mehr in einem handlichen Gerät.

Ebenfalls seit den 2000er Jahren hat die **Elektromobilität** einen enormen Aufschwung erlebt. Die Entwicklung von leistungsstarken **Lithium-Ionen-Batterien** ermöglichte die Herstellung von **Elektroautos** mit immer größerer Reichweite. Elektroautos sollen eine nachhaltigere Alternative zu herkömmlichen Verbrennungsmotoren darstellen und sind spätestens seit der stärkeren Bewerbung durch Unternehmen wie Tesla immer beliebter. Außerdem spielt die Elektrotechnik heutzutage auch eine entscheidende Rolle bei der Entwicklung **erneuerbarer Energietechnologien**. Die Effizienz von Solarzellen hat sich verbessert, Windkraftanlagen wurden leistungsfähiger und kostengünstiger, und es wurden neue Technologien wie Geothermie und Wellenkraft entwickelt. Letztlich hat sich in den letzten Jahrzehnten auch die Künstliche Intelligenz (KI) immer weiterentwickelt.

Durch fortschrittliche **Algorithmen** können Maschinen immer komplexere Aufgaben erlernen und ausführen – zahlreiche Arbeitsschritte, die Menschen früher reichlich Zeit und Kraft kosteten, können nun vollständig von Robotern und Rechnern übernommen werden. Das geht so weit, dass einige **KIs (künstliche Intelligenzen)** Arbeiten vollständig übernehmen, sodass menschliche Unterstützung nahezu überflüssig ist. Ein bekanntes Beispiel ist der Staubsaugroboter, der sich seit wenigen Jahren in immer mehr Haushalten finden lässt. Wo früher stundenlang gefegt und gewischt wurde, übernahm irgendwann die erste Maschine – der Staubsauger – die Hauptarbeit. Heutzutage gibt es sogar Roboter, die das Saugen ganz allein übernehmen. Es sind lediglich wenige Klicks notwendig, um den Roboter auf eine Zeit zu programmieren. Ein ähnliches Phänomen zeigt sich in der Entwicklung selbstfahrender Autos.

Übersicht: Anwendungsgebiete der Elektrotechnik

Beispiele für die Anwendungsgebiete der Elektrotechnik sind elektrische Maschinen, elektrische Bauelemente, Schaltungen aller Art, die Informatik und die Energietechnik. Die Palette der Einsatzgebiete ist breit und vor allem im modernen Alltag wichtig.

> Ohne Elektrotechnik könnten andere Gebiete wie beispielsweise die Computerarchitektur nicht funktionieren!

Im heutigen Alltag werden **Geräte**, die durch Strom betrieben werden, ständig genutzt. Von einfachen Haushaltsgeräten bis hin zu leistungsstarken Computern, Steuerungstechniken und Rechnern – die Elektrotechnik ist aus dem derzeitigen Zeitalter nicht wegzudenken. Vielmehr kommt sie sogar in immer mehr Gebieten des Lebens zum Einsatz: **Künstliche Intelligenz** – basierend auf Elektrotechnik – nimmt derzeit bereits in vielen Bereichen vermehrt menschliche Arbeit ab. Die Entwicklung geht stetig voran. Es ist also davon auszugehen, dass eine solide Elektrotechnik in diesem Bereich immer mehr benötigt wird.

Auch in der **Energiebranche** wird das Thema immer größer. Der Ruf nach grüner Energie wird immer lauter und fossile Brennstoffe sollen möglichst durch umweltfreundlichere Alternativen ersetzt werden. Ein weiteres spannendes Beispiel ist die Automobilbranche. Elektroautos sind immer gefragter. Sie bieten eine umweltfreundlichere Alternative zu herkömmlichen Kraftfahrzeugen und sind stark im Rennen. Immer mehr Automarken möchten umsteigen oder zumindest einzelne Modelle anbieten. Dadurch wird auch die Elektrotechnik zunehmend wichtig.

Kurzum:
Im heutigen Zeitalter werden Fachkräfte, die sich in diesem Bereich auskennen, immer gefragter. Elektrotechnik bietet die Grundlage für viele technische Lösungen und die Entwicklung der Technologie. Daher spielt sie im heutigen Zeitalter eine immer größer werdende Rolle.

Einen detaillierteren Einblick zur Bedeutung der Elektrotechnik im modernen Alltag erlangen Sie im nächsten Abschnitt.

Die Bedeutung der Elektrotechnik in unserem Alltag

Die Elektrotechnik spielt eine immense Rolle in unserem Alltag und hat zahlreiche Auswirkungen auf verschiedene Bereiche unseres Lebens. Jeder Mensch benutzt Strom täglich, in vielen Fällen sogar, ohne es zu merken. Stellen Sie sich einmal einen normalen Morgen vor. Der Wecker klingelt und Sie stehen auf. Sie betreten das Badezimmer, schalten womöglich das Licht an, wenn es draußen noch dunkel ist, und machen sich frisch. Im Anschluss gehen Sie in die Küche und bereiten sich einen ersten Kaffee zu. Viele Menschen greifen heutzutage automatisch zum Handy. Möglicherweise recherchieren Sie dort etwas, schauen sich die Nachrichten an oder verbringen ein paar Minuten auf Social-Media-Kanälen. Vielleicht bereiten Sie Frühstück auf dem Herd zu oder holen sich ein paar Snacks aus dem Kühlschrank. Noch bevor Sie das Haus verlassen und sich auf den Weg zur Arbeit machen, haben Sie bereits viele Tätigkeiten unternommen, die nur durch Strom auf diese Art möglich sind. Der Wecker funktioniert über **Strom** oder **Batterien**. Auch Ihr Kühlschrank wird mit **Elektrizität** betrieben. Das Gleiche gilt für den Herd und das Licht im Badezimmer. Ihr Handy erhält Energie in Form von Strom, der durch das Akku generiert wird. Selbst die erste Tasse Kaffee wäre nahezu undenkbar, wenn Sie keine **elektrische Energie** im Haus hätten. Sie sehen also:

Strom ist überall.

Im Alltag sind nur die Effekte des Stroms sichtbar. Strom selbst ist **nicht sichtbar**. Jedoch ist Strom **spürbar**. Bei kleinen elektrischen Schlägen ist dies unangenehm, bei größeren Schäden sogar gefährlich. Sichtbar wird Strom nur in sehr seltenen Fällen, etwa bei einem Blitzschlag. Dies ist jedoch nur der Fall, da der Stromfluss so groß ist, dass er die Luft zum Leuchten bringt. Energie wird in dem Fall in Licht umgewandelt. Zur Umwandlung der Energie erfahren Sie jedoch in späteren Kapiteln noch mehr. An dieser Stelle soll der Hinweis ausreichen, dass Strom trotz seiner gewaltigen Kraft und seiner hohen Anwendungsvielfalt für das menschliche Auge hinter Regel unsichtbar bleibt.

Im Alltag ist Strom heutzutage kaum wegzudenken. Wie Sie bereits gesehen haben, ist er bereits für jeden alltäglichen Griff am Morgen verantwortlich. Auf dem Weg zur Arbeit begegnet er Ihnen dann an den Ampeln, Autoscheinwerfern und Laternen. Er bewegt die S-Bahn, er betreibt Computer und viele Maschinen.

Einfach gesagt, entsteht Strom durch kleine **Teilchen**, die sich **bewegen**. Er wird in einem Generator oder in einem Kraftwerk erzeugt – manchmal aber auch auf natürliche Art und Weise, wenn Sie z.B. an das Blitzbeispiel zurückdenken. Mehr Details erfahren Sie dazu in späteren Kapiteln. An dieser Stelle soll zunächst vorwiegend verdeutlicht werden, wie vielseitig er verwendet wird. Ganz generell geht es dabei darum, **Energie nutzbar zu machen**. Energie entsteht in der Natur schnell, beispielsweise wenn der Wind stark weht oder Wasser in Bewegung gesetzt wird. Damit sie nutzbar wird, muss sie **umgewandelt** werden. In modernen Stromnetzen ist vor allem der Transport von Energie Hauptaufgabe des Stroms. So kann der Mensch sie sich zunutze machen und beispielsweise Licht erzeugen. Die Energie bleibt letztendlich im Toaster, in der Lampe, im Fön oder im Handy. Häuser werden mit Steckdosen gebaut, die an das Stromnetzwerk angeschlossen sind. Dadurch kann sich jeder Mensch die Energie im Alltag zunutze machen.

Im modernen Alltag ist Strom aus keinem Bereich wegzudenken. Er **vereinfacht** zahlreiche Angelegenheiten. Dinge, die früher gar nicht möglich waren oder nur unter sehr hohem Aufwand geschehen konnten, sind heute dank elektrischer Energie kinderleicht. Niemand muss mehr ein großes Feuer zünden, um zu kochen. Es ist möglich, mit Menschen zu kommunizieren, die am anderen Ende der Welt wohnen. Zahlreiche kleine Alltagsgeräte erleichtern jeden Schritt vom Morgen bis zum Abend. Die größten Bereiche, in denen Strom eine hohe Relevanz hat, sind die folgenden:

- Kommunikation
- Haushaltsgeräte

- Medizin und Gesundheitswesen
- Verkehr und Transport
- Energiesektor
- Unterhaltung

Im Bereich der **Kommunikation** ermöglicht Elektrotechnik vor allem den Kontakt über große Entfernungen – und das häufig sogar in Echtzeit. Mobiltelefone, Internet, E-Mail und soziale Medien sind nur einige Beispiele für elektronische Kommunikationsmittel, die unseren Alltag prägen. Während Menschen früher auf lange Postwege angewiesen waren, ist es heutzutage einfach, sich über Nachrichten-Apps oder einen Handyanruf in Echtzeit zu unterhalten, egal, wo sich die andere Person befindet. Im Zeitalter von Social Media sind diese Kommunikationswege nicht mehr wegzudenken.

Auch im **Haushalt** ist die Elektrotechnik unverzichtbar geworden: Elektrische Geräte wie Kühlschränke, Waschmaschinen, Geschirrspüler und Mikrowellen befinden sich in nahezu jedem Haushalt. Sie erleichtern die täglichen Aufgaben und sparen Zeit. Die meisten Menschen können sich einen Haushalt ohne diese praktischen Helfer gar nicht mehr vorstellen.

In der **Medizin** hat die Elektrotechnik zu enormen Fortschritten geführt, welche eine moderne Gesundheitsversorgung ermöglichen. Wichtige Meilensteine sind beispielsweise bildgebende Verfahren wie MRT und CT-Scans, die Einblicke in tiefergehende Problematiken gewähren können. Auch medizinische Geräte wie Herzschrittmacher, Defibrillatoren und Blutzuckermessgeräte sind bedeutende Schritte in der Entwicklung der Medizintechnik. Zusammengefasst ist die elektronische Technologie also entscheidend für die Diagnose, Behandlung und Überwachung von Krankheiten.

Elektrotechnik hat auch einen großen Einfluss auf den **Verkehr- und Transportsektor.** Elektroautos und Hybridfahrzeuge werden immer beliebter und tragen zur Reduzierung von Emissionen bei. Dies ist ein wichtiger Schritt, um hohe Nachhaltigkeitsziele, die von vielen Nationen angestrebt werden, zu erreichen. Zudem spielen elektronische Systeme wie Navigationssysteme, Fahrerassistenzsysteme und autonome Fahrzeuge eine wichtige Rolle bei der Verbesserung der Sicherheit und Effizienz des Verkehrs. Das gilt sowohl im Bereich des Individualverkehrs als auch der öffentlichen Verkehrsmittel wie Bus und Bahn. Die Elektrotechnik legte letztlich auch die Basis für den Flugverkehr, sodass lange Strecken heutzutage in kürzester Zeit zurückgelegt werden können.

Elektrotechnik spielt weiterhin eine entscheidende Rolle bei der **Erzeugung, Übertragung und Verteilung von elektrischer Energie**. Diese wird im Zeitalter von Nachhaltigkeitszielen und grüner Energie immer wichtiger. Stromnetze, Solarenergieanlagen, Windkraftanlagen und andere erneuerbare Energien sind gefragter denn je. Ein Ausstieg aus fossilen Brennstoffen wird von den meisten Seiten angestrebt und elektrische Energie leistet einen bedeutenden Beitrag in diesem Bereich.

Im modernen Alltag spielt schließlich auch das Thema **Unterhaltung** eine wichtige Rolle: Elektrotechnik ist eng mit der Unterhaltungsindustrie verbunden, denn die Zeiten von Gladiatorenkämpfen in großen Stadien gehören längst der Vergangenheit an. Fernseher, Radios, Musik- und Film-Streaming-Dienste, Videospiele und Heimkinosysteme sind alle auf elektronische Technologie angewiesen. Die alltägliche Unterhaltung durch jene Medien und Technologien ist für viele Menschen nicht mehr wegzudenken.

Generell lässt sich sagen, dass Elektrotechnik wie der **Motor des technischen Fortschritts** wirkt. In allen Bereichen, in denen die Technologie neue Konzepte und Alltagsverbesserungen erwirken soll, ist Elektrotechnik von hoher Bedeutung. Ohne sie würden zahlreiche Geräte in diversen Branchen nicht funktionieren.

Grundlegende Begriffe und Konzepte

In diesem Kapitel erfahren Sie alles zu den wichtigsten grundlegenden Begriffen und Konzepten der Elektrotechnik. Was genau bedeutet Spannung und wie lautet das Ohm'sche Gesetz? Im Folgenden werden Sie sich mit den grundlegenden Bedeutungen der wichtigsten Begriffe auseinandersetzen – beachten Sie, dass Sie im späteren Verlauf des Buches noch mehr Details zu vielen dieser Begriffe erhalten.

Hintergrund: Was ist Strom?

Zu Beginn erfolgt eine Auseinandersetzung mit der grundlegenden Definition des Begriffes Strom, bevor im weiteren Verlauf des Buches eine detailliertere Betrachtung des Begriffs erfolgt.

Die **Bewegung negativ geladener Teilchen**, Elektronen, wird **elektrischer Strom** genannt. Fließt der Strom in eine Richtung gleichmäßig und mit gleicher Kraft, handelt es sich um **Gleichstrom** (auch DC – *direct current* – genannt). **Wechselstrom** (AC bzw. *alternating current*) ist ein Strom, der seine Stärke und Richtung rhythmisch ändert. Der **Wechselstrom**, mit dem viele Haushaltsgeräte betrieben werden, stammt aus einer **Steckdose. Batterien** versorgen beispielsweise Elektroautos mit **Gleichstrom.**

Wenn Strom fließt, transportieren Teilchen durch ihre Bewegung **elektrische Energie.** Energie kann dabei nicht verbraucht, sondern nur **umgewandelt** werden. Elektrische Energie wird somit in mehrere andere Energieformen umgewandelt, je nachdem, welches Gerät als „Verbraucher" an den Strom angeschlossen ist. Beispielsweise wandelt ein Toaster elektrische Energie in Wärme um. Glühbirnen erwärmen sich, weil neben Lichtenergie auch elektrische Energie in Wärmeenergie umgewandelt wird.

Atom

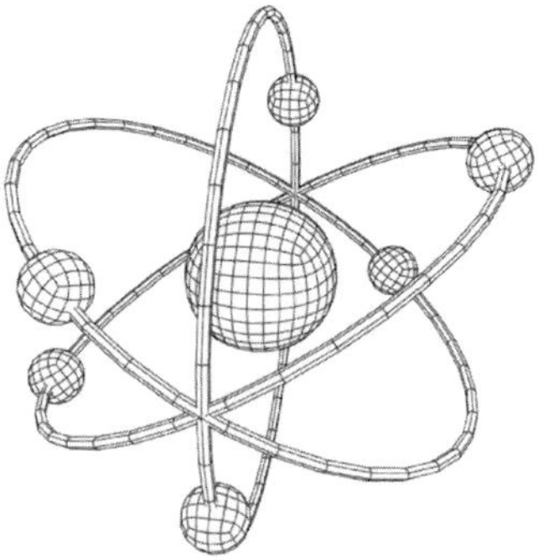

Ein Atom ist ein Baustein aller festen, flüssigen und gasförmigen Stoffe. Alle Eigenschaften eines Stoffes sowie auch das chemische Reaktionsverhalten werden durch dessen Atome festgelegt. Das beinhaltet sowohl die Eigenschaften der Atome als auch ihre Anordnung. Atome werden chemischen Elementen zugeordnet. Sie bilden die kleinste Einheit eines Elements. Unterschiedliche Atome beinhalten unterschiedliche Atome, die sich beispielsweise durch Größe und Masse unterscheiden. Als wichtigstes Unterscheidungskriterium wird jedoch die chemische Reaktionsfähigkeit gesehen. Atome können sich zu Molekülen oder festen Körpern miteinander verbinden (siehe auch Molekül).

Binäre Signale

Ein **binäres Signal** ist ein digitales Signal, das nur zwei mögliche Zustände annehmen kann: **0 und 1.** Diese beiden Werte entsprechen in der Elektronik oft zwei unterschiedlichen Spannungspegeln, beispielsweise 0 Volt für „0" und 5 Volt für „1".

Binäre Signale sind die Grundlage der digitalen Technik und werden in Computern, Mikrocontrollern und digitalen Schaltungen verwendet. In einem Computer werden alle Daten – Zahlen, Buchstaben, Bilder oder Videos – durch lange Reihen von 0 und 1 dargestellt und verarbeitet. Auch in der Kommunikationstechnik spielen binäre Signale eine große Rolle, zum Beispiel in Netzwerken oder digitalen Übertragungsverfahren.

Ein einfaches Beispiel für ein binäres Signal ist ein Lichtschalter: Ist er aus, entspricht das einer **0**, ist er an, entspricht das einer **1**.

Zusammengefasst:
Ein binäres Signal ist ein digitales Signal mit nur zwei Zuständen, 0 und 1. Es bildet die Grundlage aller digitalen Systeme und wird in Computern, digitalen Schaltungen und der Kommunikationstechnik eingesetzt.

Dioden

Dioden gehören zu den sogenannten Halbleiterbauelementen, die aus Halbleitermaterialien wie Silizium oder Germanium hergestellt werden *(näheres dazu siehe Halbleiterbauelemente)*.

Dioden haben zwei Anschlüsse: Den sogenannten **Anoden**- und den sogenannten **Kathodenanschluss**. Sie lassen den elektrischen Strom nur in einer Richtung passieren, während sie ihn in der entgegengesetzten Richtung blockieren. Lässt eine Diode den Strom durchlaufen, handelt es sich um einen **Betrieb mit Durchlassrichtung**. Dabei wird mit positiver Spannung am Anodenanschluss und negativer Spannung am Kathodenanschluss gearbeitet. Die umgekehrte Variante nennt sich **Betrieb in Sperrrichtung.** Dabei liegt negative Spannung am Anodenanschluss vor und positive Spannung am Kathodenanschluss. Diese Richtung blockiert den Stromfluss.

Dioden werden in vielen elektronischen Schaltungen eingesetzt, beispielsweise um Wechselstrom in Gleichstrom umzuwandeln. Sie dienen auch als Schutzbauelemente, um elektronische Geräte vor Überspannungen zu schützen. Es gibt verschiedene Arten von Dioden, die in den unterschiedlichsten Bereichen eingesetzt werden können. Zu den bekanntesten gehören die sogenannten **Leuchtdioden** – besser bekannt als **LED**s.

Elektrische Netzwerke

Elektrische Netzwerke sind Systeme von elektrischen Komponenten, die miteinander verbunden sind und elektrische Signale oder Energie übertragen. Diese Netzwerke können aus einer Vielzahl von elektronischen Bauelementen bestehen. Zu diesen Bauelementen gehören beispielsweise Widerstände, Spulen, Dioden und Transistoren. Im Allgemeinen werden zwei Hauptarten von elektrischen Netzwerken unterschieden: Die sogenannten **passiven** und die sogenannten **aktiven** Netzwerke.

Passive Netzwerke enthalten keine Stromquellen und bestehen aus passiven Bauelementen wie Widerständen, Kondensatoren und Spulen. Sie werden überwiegend zur Filterung, Anpassung oder Dämpfung von Signalen verwendet. Dagegen enthalten **aktive** Netzwerke Stromquellen wie Batterien oder Verstärker. Sie bestehen weiterhin aus aktiven Bauelementen wie Transistoren oder Operationsverstärkern. Aktive Netzwerke können Signale verstärken, modulieren oder verarbeiten.

Elektrische Schaltung

Eine elektrische Schaltung ist ein geschlossenes System, welches aus verschiedenen elektrischen Komponenten besteht. Häufig wird auch von einem elektrischen **Schaltkreis** gesprochen. Eine Schaltung bzw. ein Schaltkreis ist so konzipiert, dass sie bzw. er elektrische Signale oder Energie in einer bestimmten Art und Weise verarbeitet. Sie kann dabei aus einer Vielzahl von Bauelementen wie Widerständen, Kondensatoren oder Spulen bestehen.

Elektrische Schaltungen können verschiedene **Funktionen** erfüllen. Zu den wichtigsten gehören unter anderem die Verstärkung von Signalen, die Filterung von Frequenzen und die Steuerung von Geräten. Heutzutage finden sie sich in zahlreichen elektronischen Geräten wie Computern und Mobiltelefonen.

Es gibt verschiedene Arten von elektrischen Schaltungen, von denen die wichtigsten die analogen Schaltungen, die digitalen Schaltungen und die integrierten Schaltungen sind. **Analoge** Schaltungen verarbeiten kontinuierliche Signale wie Audio- oder Videosignale. **Digitale** Schaltungen hingegen verarbeiten diskrete Signale in Form von Nullen und Einsen und werden in digitalen Computern und anderen digitalen Systemen eingesetzt. **Integrierte** Schaltungen (kurz **ICs**) integrieren eine große Anzahl von elektronischen Komponenten auf einem einzigen Halbleiterchip *(mehr dazu erfahren Sie unter dem Begriff Integrierte Schaltungen).*

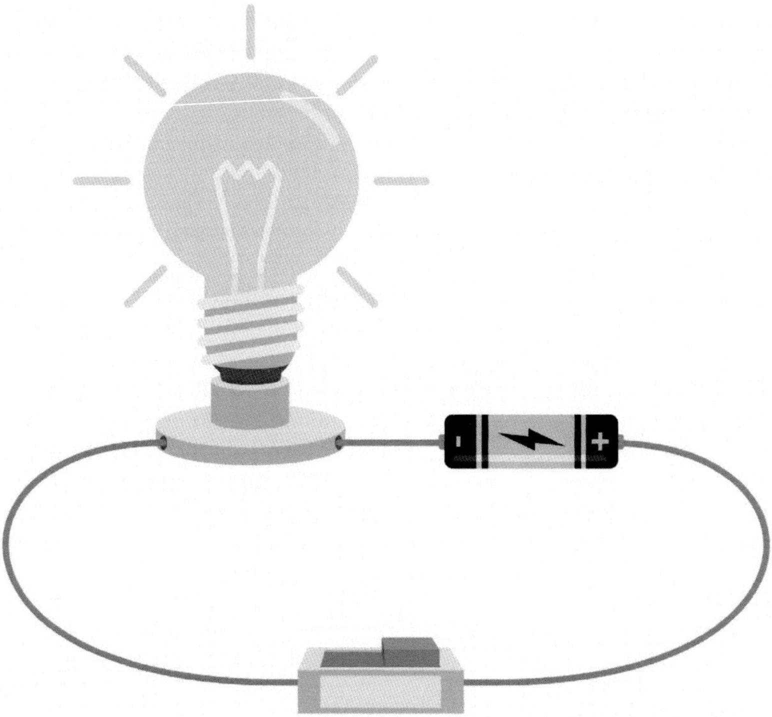

Elektromagnetismus

Elektromagnetismus ist ein physikalisches Phänomen, das die Wechselwirkung zwischen elektrischen Ladungen und magnetischen Feldern beschreibt. Es ist eine der fundamentalen Kräfte in der Natur und spielt eine entscheidende Rolle in vielen technologischen Anwendungen. In der Physik beschreibt Elektromagnetismus die Wechselwirkung zwischen elektrischen und magnetischen Feldern. Deren Beziehung gestaltet sich so, dass beide Felder eng miteinander verbunden sind. Sie haben daher gegenseitigen Einfluss aufeinander und können im Bereich der Energieerzeugung Anwendung finden. Heute spielt Elektromagnetismus eine entscheidende Rolle in vielen Bereichen der Technologie – beispielsweise in der Elektronik.

Die Grundlage des Elektromagnetismus ist die Theorie, dass elektrische Ladungen sich **bewegende elektrische Felder** erzeugen. Diese wiederum erzeugen **magnetische Felder.** Gleichzeitig entstehen durch sich verändernde magnetische Felder neue elektrische Felder. Diese Wechselwirkung zwischen elektrischen und magnetischen Feldern wird als elektromagnetische Induktion bezeichnet.

Eine der wichtigsten Meilensteine im Bereich Elektromagnetismus war die Formulierung der sogenannten **Maxwell-Gleichungen**. Sie wurden durch James Clerk Maxwell formuliert und beschreiben grundlegende Gesetze des elektromagnetischen Feldes.

James Clerk Maxwell

Der schottische Physiker James Clerk Maxwell (geboren am 13. Juni 1831 in Edinburgh, gestorben am 5. November 1879 in Cambridge) wurde vor allem für die Maxwell-Gleichungen bzw. die Feldtheorie bekannt, die einen wichtigen Beitrag zur Entwicklung der Elektrodynamik lieferten. Maxwell galt als einer der bedeutendsten Naturwissenschaftler des 19. Jahrhunderts und lieferte Meilensteine in der Physik, ohne die die heutige Elektrotechnik nicht so existieren würde. Zudem galt er als Brückenbauer zwischen der Mathematik und der Physik.

Die Maxwell-Gleichung

$$
\begin{array}{lrcl}
(1) & \mathrm{div}(\underline{D}) & = & \rho \\
(2) & \mathrm{rot}(\underline{E}) & = & -\dfrac{\partial}{\partial t}\underline{B} \\
(3) & \mathrm{div}(\underline{B}) & = & 0 \\
(4) & \mathrm{rot}(\underline{H}) & = & \underline{j} + \dfrac{\partial}{\partial t}\underline{D}
\end{array}
$$

Mit Hilfe dieser Gleichungen konnte gezeigt werden, wie die elektrischen Felder miteinander agieren. Die Maxwell-Gleichungen sind vier Differentialgleichungen. Diese Differentialgleichungen lassen sich in den Worten der Schulphysik wie folgt ausdrücken:

Information – Was sind Differentialgleichungen?
Differentialgleichungen sind Gleichungen, in denen eine Funktion sowie Ableitungen dieser Funktion vorkommen können. Deren Lösung ist ebenfalls eine Funktion und keine Zahl. Eine Funktion stellt allgemein die Beziehung von zwei Mengen dar, deren Elemente meist x und y (das sind Buchstaben, die hier für die entsprechenden Zahlen der Gleichung einstehen) genannt werden.

1. Elektrische Felder werden von elektrischen Ladungen erzeugt.
2. Es gibt keine magnetischen Punktladungen (Monopole). Magnetische Feldlinien sind immer in sich geschlossen.
3. Durch veränderliche Magnetfelder werden elektrische Felder bzw. Spannungen erzeugt – die sogenannte elektromagnetische Induktion.
4. Durch zeitlich veränderliche elektrische Felder entstehen magnetische Felder (sogenanntes Durchflutungsgesetz).

Diese Gleichungen bilden die Grundlage für das Verständnis der Wechselwirkung zwischen elektrischen und magnetischen Feldern sowie für viele Anwendungen in der Technik und Wissenschaft. Die Maxwell-Gleichungen ermöglichen beispielsweise die Vorhersage von elektromagnetischen Wellen wie Licht oder Radiowellen.

Ein weiteres wichtiges Phänomen in diesem Bereich ist die sogenannte elektromagnetische Induktion. Diese besagt, dass ein sich veränderndes magnetisches Feld in einem Leiter sowohl eine elektrische Spannung als auch einen Strom induziert. Auf diesem Prinzip bauen Generatoren und andere Errungenschaften im Bereich der Energieerzeugung und Energieübertragung auf.

Elektromagnetismus findet sich heute in unserem alltäglichen Leben an vielen Stellen wieder: Beispielsweise in der Elektrizitätserzeugung und -verteilung, in Elektromotoren, in Generatoren und Transformatoren sowie in zahlreichen Technologien, die der Kommunikation dienen (etwa Radio und Fernsehen).

Elektron

Ein Elektron ist ein sogenanntes subatomares Teilchen (ein Teilchen, das noch kleiner als ein Atom ist – allerdings nicht unbedingt leichter; ein wichtiges Teil der Kernphysik; Atome bestehen aus diesen subatomaren Teilchen), das eine **negative elektrische Ladung** trägt. Elektronen sind Bestandteile von Atomen. Sie umkreisen den Atomkern in bestimmten Energieebenen oder Schalen. Zudem sind sie an chemischen Reaktionen beteiligt und sorgen für die Bindungen zwischen Atomen. Elektronen können auch aus einem Atom herausgelöst werden – dieser Prozess wird als *Ionisation* bezeichnet *(siehe auch unter dem Begriff Ion)* und beispielsweise durch Erwärmung, Bestrahlung mit Licht oder den Einfluss eines elektrischen Feldes durchgeführt. In der Elektronik und Technologie werden Elektronen in elektrischen Stromkreisen genutzt, um elektrische Energie zu transportieren.

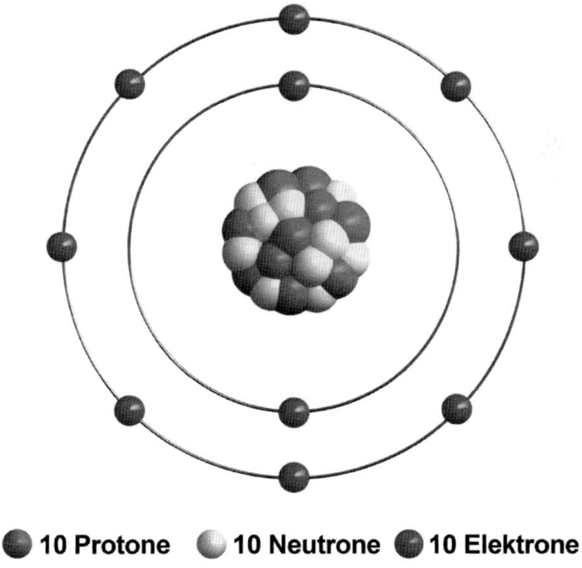

Elementarladung

Als Elementarladung wird die **kleinste elektrische Ladung** bezeichnet, die ein **Teilchen** tragen kann. Es handelt sich dabei um die Ladung eines einzelnen Protons oder Elektrons. Sie wird durch das Symbol "**e**" dargestellt und beträgt etwa 1,602 x 10^-19 Coulomb. Die Elementarladung ist eine wichtige physikalische Konstante und spielt eine große Rolle in der Quantenmechanik und der Elektrodynamik.

Filterschaltungen

Eine **Filterschaltung** ist eine elektronische Schaltung, die bestimmte Frequenzbereiche eines Signals durchlässt oder unterdrückt. Sie wird in vielen Bereichen der Elektrotechnik und Signalverarbeitung eingesetzt, zum Beispiel in Audiosystemen, Funktechnik oder Netzteilen.

Filterschaltungen lassen sich in verschiedene Typen unterteilen: **Tiefpassfilter** lassen nur niedrige Frequenzen durch und blockieren hohe Frequenzen, **Hochpassfilter** tun das Gegenteil und lassen nur hohe Frequenzen passieren. **Bandpassfilter** erlauben nur einen bestimmten Frequenzbereich und blockieren alles darüber und darunter, während **Bandsperrfilter** genau diesen Bereich unterdrücken.

Ein Beispiel aus dem Alltag ist ein Audiosystem, das tiefe Töne an einen Subwoofer sendet (Tiefpassfilter) und hohe Töne an Hochtöner weiterleitet (Hochpassfilter). Auch in der Funktechnik werden Filter verwendet, um unerwünschte Signale aus einem bestimmten Frequenzbereich zu entfernen.

Zusammengefasst:
Eine Filterschaltung ist eine elektronische Schaltung, die bestimmte Frequenzen eines Signals verstärkt oder abschwächt. Sie wird genutzt, um Störungen zu unterdrücken oder gewünschte Frequenzbereiche gezielt zu isolieren, beispielsweise in der Audio- und Kommunikationstechnik.

Gleichstrom

Gleichstrom ist elektrischer Strom, der immer in die gleiche Richtung fließt. Im Englischen wird er als ***direct current*** bezeichnet und mit den Buchstaben **DC** abgekürzt. Er ist das Gegenstück zum Wechselstrom, auf den später ebenfalls im Detail eingegangen wird. Gleichstrom lässt sich beispielsweise mit Batterien und Brennstoffzellen, Photovoltaikmodulen oder mit entsprechenden Stromgeneratoren erzeugen. Zum Thema Gleichstrom und Wechselstrom lesen Sie in Kapitel 4 mehr.

Halbleiter

Halbleiter sind Materialien, die elektrischen Strom unter **bestimmten Bedingungen** leiten können. Sie werden nicht wie Metalle als Leiter bezeichnet, da sie nicht genauso gut leiten, aber den Stromfluss auch nicht komplett blockieren. Zu diesen Materialien gehören beispielsweise Silizium, Germanium und Galliumarsenid. Verbreitet sind Halbleiter vor allem in der Elektronikindustrie, insbesondere in der Herstellung von Transistoren, Dioden und integrierten Schaltkreisen.

Halbleiterbauelemente (z.B. Dioden, Transistoren)

Halbleiterbauelemente sind elektronische Bauteile, die aus sogenannten **Halbleitermaterialien** hergestellt werden. Dazu zählen beispielsweise die Stoffe Silizium und Germanium. Diese Materialien sind dadurch gekennzeichnet, dass sie in ihrem elektrischen Verhalten zwischen Leitern und Isolatoren liegen.

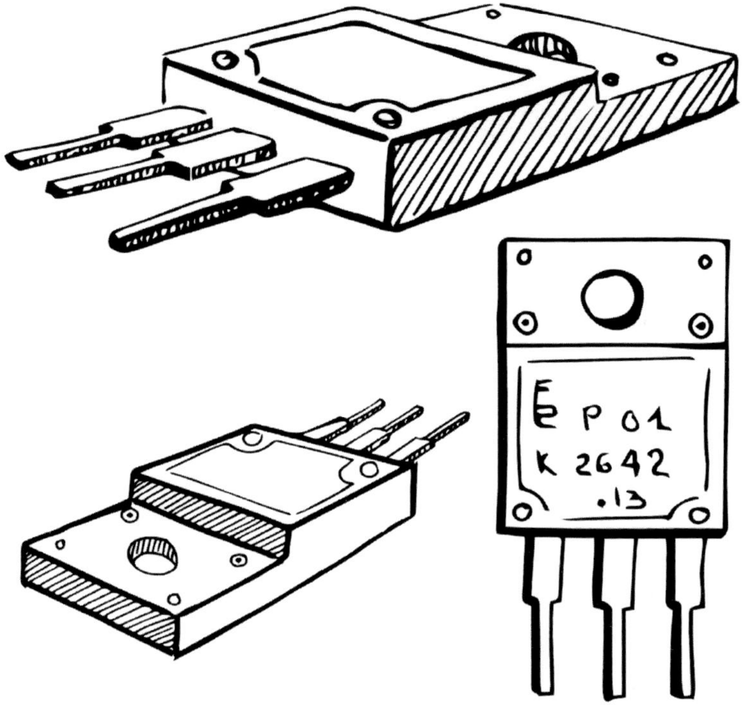

Im Klartext:

Sie leiten nicht immer gleich stark, sondern verändern ihre Leitfähigkeit abhängig von **äußeren Umständen**. So können etwa Temperatur, Spannung oder Licht ihre Leitfähigkeit beeinflussen. Zu den bekanntesten Halbleiterbauelementen gehören Dioden, Transistoren und integrierte Schaltkreise (auch als ICs bekannt).

Induktivität

Der Begriff Induktivität bezeichnet eine physikalische Eigenschaft eines elektrischen Leiters oder einer Spule. Sie gibt an, wie stark sich ein elektrischer **Stromfluss** durch eine Änderung eines magnetischen Flusses in dem Leiter oder in der Spule ändert. Induktivität basiert vor allem auf den Maxwell-Gleichungen (mehr dazu siehe Elektromagnetismus). Auch das Faraday'sche Induktionsgesetz liefert eine wichtige Grundlage für dieses Phänomen: Es besagt, dass eine Änderung des magnetischen Flusses durch eine Leiterschleife eine elektrische Spannung induziert. Dadurch wird auch ein Strom induziert.

Fließt ein sich ändernder Strom durch eine Spule, erzeugt dies ein magnetisches Feld, das sich um die Spule herum bildet. Dieses Feld induziert dann eine Spannung, deren Größe von der Rate der Stromänderung abhängt. Je schneller sich der Strom ändert, desto größer ist die Spannung. Je langsamer sich der Strom ändert, desto kleiner ist wiederum die Spannung.

Einfach zusammengefasst: Induktivität tritt dann auf, wenn ein elektrischer Strom durch einen Leiter fließt und ein **Magnetfeld** erzeugt wird. Dieses Magnetfeld kann wiederum den Stromfluss in benachbarten Leitern oder Spulen beeinflussen. Die Induktivität ist daher eine wichtige Eigenschaft bei der Konstruktion von elektrischen Schaltungen und Geräten. Sie bestimmt, wie sich das Verhalten von Strom und Spannung in einem System verändert. Gemessen wird die Induktivität in der Einheit **Henry (H).**

In der Elektrotechnik wird die Induktivität oft genutzt, um elektrische Signale zu filtern, zu verstärken oder zu modulieren. Sie bildet außerdem einen wichtigen Bestandteil von Motoren, Generatoren und anderen Errungenschaften.

Integrierte Schaltkreise

Integrierte Schaltkreise (kurz **ICs**) sind elektronische Bauelemente, die eine große Anzahl von elektronischen Komponenten wie Transistoren, Widerständen, Kondensatoren und Dioden auf einem einzigen **Halbleiterchip** integrieren (ein Chip, auch Mikrochip genannt, ist ein Siliziumplättchen mit einem integrierten Schaltkreis, der in Verbindung mit Halbleitern beispielsweise in Computern Anwendung findet). Diese Komponenten sind miteinander verbunden und bilden gemeinsam eine komplexe Schaltung. Es gibt verschiedene Arten von integrierten Schaltkreisen – zu den wichtigsten gehören sogenannte analoge ICs, digitale ICs und Mixed-Signal-ICs. **Analog-ICs** werden für die Verarbeitung von kontinuierlichen Signalen wie Audio- oder Videosignalen verwendet. **Digitale ICs** hingegen finden in digitalen Computern, Speichergeräten und anderen digitalen Systemen Anwendung (daher der Name). **Mixed-Signal-ICs** schließlich kombinieren analoge und digitale Schaltungen und werden beispielsweise in der Datenkonvertierung oder der Steuerung von Sensoren eingesetzt.

Integrierte Schaltkreise gehören zu den wichtigsten Bausteinen in der Elektronik, da erst durch ihren Einsatz komplexe Funktionen auf kleinstem Raum möglich wurden. So sind sie heutzutage in nahezu allen elektronischen Geräten zu finden – vor allem in modernen Erfindungen wie Smartphones und kleinsten Chips. Aber auch in größeren Computern und Haushaltsgeräten sind ICs in der Regel vorhanden.

Ion

Ein Ion ist ein elektrisch geladenes Teilchen, das entsteht, wenn ein Atom oder Molekül Elektronen gewinnt oder verliert. Je nachdem, ob die Anzahl der Elektronen zunimmt oder abnimmt, entsteht eine **negative** oder **positive Ladung.**

Wie einzelne Elektronen und Protonen sind auch Ionen an chemischen Reaktionen beteiligt und können sich durch elektrostatische Anziehung und Abstoßung mit anderen Ionen oder neutralen Teilchen verbinden. In der Atmosphäre spielen Ionen eine Rolle bei der Bildung von Gewittern und Blitzen. In biologischen Systemen sind Ionen an der Übertragung von Nervenimpulsen und der Kontraktion von Muskeln beteiligt.

Kapazität

Der Begriff **Kapazität** wird im Rahmen der Elektrotechnik meist in Verbindung mit einer Batterie benutzt. Teilweise wird auch von Speicherkapazität gesprochen. Bei der Kapazität geht es um die Menge elektrischer Ladung oder elektrischer Energie, welche die Batterie im Betrieb insgesamt abgeben kann, bevor sie aufgeladen oder ersetzt werden muss. Im Grunde bedeutet es also, die Menge der Energie, die in der Batterie gespeichert werden kann. Je höher die Kapazität, desto länger kann die Batterie genutzt werden.

Kombinatorische Schaltung

Eine **kombinatorische Schaltung** ist eine Art von elektronischer Schaltung, bei der der Ausgang ausschließlich vom aktuellen Eingang abhängt und nicht von vorherigen Zuständen. Das bedeutet, dass sie keine Speicherfähigkeit besitzt und immer direkt auf die eingegebenen Signale reagiert.

Ein einfaches Beispiel für eine kombinatorische Schaltung ist ein Taschenrechner: Wenn Sie zwei Zahlen eingeben und auf die Plus-Taste drücken, berechnet die Schaltung sofort das Ergebnis, ohne sich frühere Eingaben zu merken. Zu den wichtigsten Bausteinen kombinatorischer Schaltungen gehören **Logikgatter** wie UND, ODER und NICHT, die grundlegende logische Verknüpfungen ausführen.

Zusammengefasst:
Eine **kombinatorische Schaltung** ist eine elektronische Schaltung, bei der der Ausgang ausschließlich vom aktuellen Eingang abhängt und keine vorherigen Zustände speichert. Sie reagiert direkt auf Eingaben und besteht aus Logikgattern wie UND, ODER und NICHT. Im Gegensatz zu sequentiellen Schaltungen besitzt sie keine Speicherfähigkeit. Kombinatorische Schaltungen werden in digitalen Systemen eingesetzt, die sofortige Signalverarbeitung erfordern, wie z. B. Rechenwerke in Computern oder digitale Steuerungen.

Kommutator

Ein **Kommutator** ist ein Bauteil, das in einigen elektrischen Maschinen, wie zum Beispiel in Elektromotoren oder Generatoren, verwendet wird, um den Strom in den Spulen der Maschine zu leiten. Er sorgt dafür, dass der Stromfluss in der Spule regelmäßig umgekehrt wird, wenn die Spule ihre Drehung fortsetzt. So bleibt die Bewegung gleichmäßig und die Maschine funktioniert richtig. Der Kommutator kann wie ein kleiner Schalter vorgestellt werden, der den Strom an den richtigen Stellen umschaltet, während sich die Spule dreht.

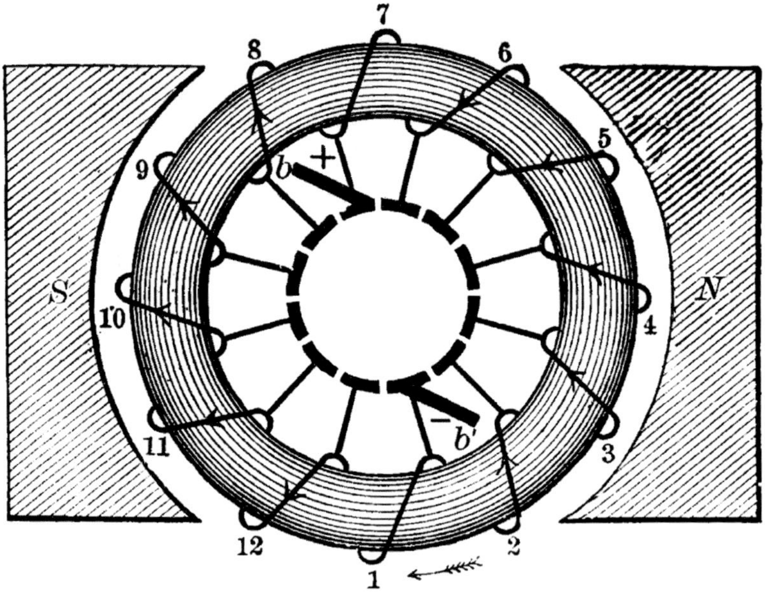

Leistung

In der Physik und Technik bezieht sich der Begriff "Leistung" auf die **Menge an Arbeit**, die **pro Zeiteinheit** verrichtet wird.

Leistung wird mit der Formel **$P = W/t$** ausgedrückt (Leistung P ist gleich der verrichteten Arbeit W geteilt durch die benötigte Zeit t).

Sie spielt eine wichtige Rolle in der Elektrotechnik, aber auch in diversen anderen Bereichen. Dazu zählen beispielsweise die Mechanik oder die Thermodynamik. In der Elektrotechnik im Speziellen bezeichnet Leistung die Fähigkeit eines Systems, Energie zu übertragen oder umzuwandeln. So wird die elektrische Leistung in einem Stromkreis als das Produkt aus Spannung und Stromstärke mit der folgenden Formel berechnet: **$P = U * I$.** (Leistung P ist gleich Spannung U multipliziert mit Stromstärke I). In einfachen Worten: Um die Leistung zu berechnen, wird die Spannung mit der Stromstärke multipliziert. Mehr zu den Formelsymbolen U und I finden Sie unter den Begriffen Spannung und Stromstärke.

Leistungsgrenze

Die **Leistungsgrenze** bezeichnet die maximale Menge an Leistung, die ein Gerät, eine Maschine oder ein System sicher erzeugen, übertragen oder verarbeiten kann, ohne dass es zu Schäden oder einer Überlastung kommt.

Stellen Sie sich vor, Sie haben einen Elektromotor. Der Motor hat eine bestimmte Leistungsgrenze, die angibt, wie viel Energie er maximal liefern kann, ohne dass er überhitzt oder beschädigt wird. Wenn die Leistung über diese Grenze hinausgeht, könnte der Motor überlastet werden, was zu einer Reduzierung der Lebensdauer oder sogar zu einem Ausfall des Geräts führen kann.

Ein anderes Beispiel wäre ein Stromkabel: Es hat ebenfalls eine Leistungsgrenze, die angibt, wie viel Strom maximal durch das Kabel fließen kann, ohne dass es zu einer Überhitzung kommt, die einen Brand verursachen könnte.

Zusammengefasst:
Die Leistungsgrenze ist der Punkt, an dem ein Gerät oder System die höchste Leistung erreichen kann, ohne Schaden zu nehmen. Es ist eine Sicherheitsgrenze, um eine Überlastung und potenzielle Schäden zu vermeiden.

Leitung

In der Elektrotechnik bezieht sich der Begriff **Leitung** auf ein elektrisches Kabel oder einen Draht, der dazu dient, elektrischen Strom von einem Punkt zum anderen zu transportieren.

Leitungen bestehen aus **leitfähigen Materialien** wie Kupfer oder Aluminium. Sie werden in elektrischen Schaltkreisen, Stromversorgungssystemen und elektronischen Geräten eingesetzt, um den Stromfluss zu ermöglichen.

Im Allgemeinen bezieht sich der Begriff in der Physik auf die Fähigkeit eines Materials, Wärme oder Elektrizität zu übertragen. Materialien mit hoher Leitfähigkeit sind in der Lage, Energie effizient zu übertragen, während Materialien mit geringer Leitfähigkeit als Isolatoren dienen.

Logikgatter

Ein **Logikgatter** ist ein elektronisches Bauelement, welches eine oder mehrere Eingangssignale verarbeitet und nach festen Regeln ein Ausgangssignal erzeugt. Es bildet die Grundlage der digitalen Schaltungstechnik und wird in Computern, Steuerungen und vielen anderen elektronischen Geräten verwendet. Ein Logikgatter funktioniert wie ein kleiner Schalter, der anhand logischer Regeln entscheidet, ob ein Signal „an“ (1) oder „aus“ (0) sein soll. Es gibt verschiedene Arten von Logikgattern, darunter das UND-Gatter (AND), das nur dann eine „1“ ausgibt, wenn alle Eingänge „1“ sind, das ODER-Gatter (OR), das eine „1“ ausgibt, wenn mindestens ein Eingang „1“ ist, und das NICHT-Gatter (NOT), das das Eingangssignal umkehrt. Eine weitere wichtige Variante ist das XOR-Gatter (Exklusiv-Oder), das eine „1“ ausgibt, wenn genau ein Eingang „1“ ist, aber nicht beide. Durch die Kombination dieser Grundgatter lassen sich komplexe digitale Systeme realisieren, die beispielsweise in Computern, Prozessoren oder Steuergeräten eingesetzt werden.

Zusammengefasst:
Logikgatter sind Bausteine digitaler Schaltungen, die einfache logische Entscheidungen treffen. Sie bilden die Grundlage für komplexe digitale Systeme wie Computerprozessoren, Steuergeräte und digitale Speicher.

Molekül

Ein Molekül ist ein mehratomiges Teilchen – es besteht also aus mindestens zwei Atomen. Diese Atome werden durch chemische Bindungen zusammengehalten. In der Regel bleiben sie wenigstens so lange stabil, dass sie beispielsweise spektroskopisch beobachtet werden können.

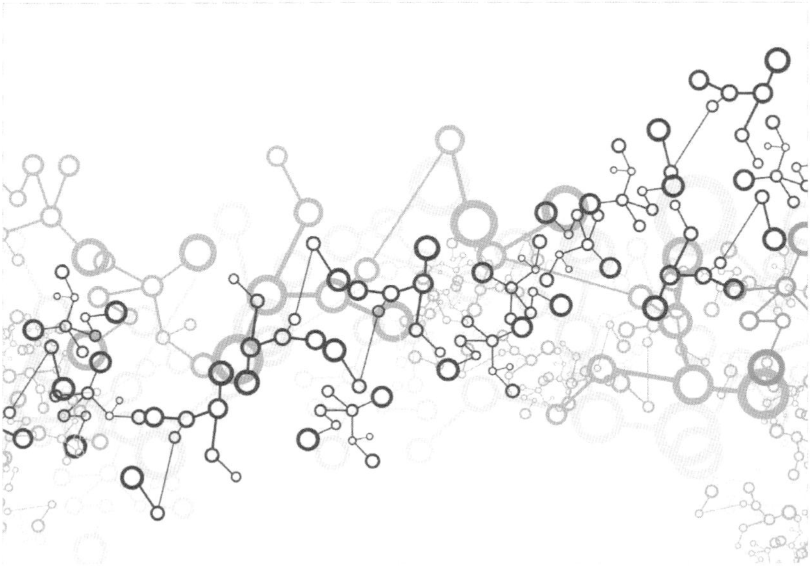

Ein Molekül kann sowohl aus mehreren gleichen als auch aus mehreren unterschiedlichen Atomen bestehen. Ein Molekül, das nur aus einem einzigen chemischen Element besteht, wird Elementmolekül genannt (Beispiel Sauerstoff = O_2, Stickstoff = N_2). Die überwiegende Anzahl der bekannten Moleküle besteht jedoch aus mehreren Elementen, was entsprechend an ihrer Formel zu erkennen ist (Beispiel Wasser H_2O). Moleküle sind die kleinsten Teile eines sogenannten Reinstoffes, also eines Stoffes, der nur aus einem chemischen Element oder einer chemischen Verbindung besteht. Nicht alle chemischen Verbindungen bestehen jedoch aus Molekülen. So beinhalten beispielsweise Salze keine Moleküle, sondern werden vielmehr durch sogenannte ionische Verbindungen zusammengehalten (Verbindungen, die auf elektrostatischer Anziehung von Ionen basieren).

Neutron

Neutronen sind, wie ihr Name bereits vermuten lässt, neutral geladene subatomare Teilchen. Sie sind Bestandteil fast aller Atomkerne, können aber in Ausnahmefällen auch ungebunden sein. Neutronen, die nicht fest in einem Atomkern gebunden sind, werden als freie Neutronen bezeichnet. Freie Neutronen werden in der Physik vor allem in Kernreaktoren angewendet.

Neutronen sind elektrisch neutral und daher nicht für elektrostatische Anziehung oder Abstoßung empfänglich. Allerdings beinhalten sie sehr wohl ein magnetisches Moment und unterliegen daher der elektromagnetischen

Wechselwirkung. Das wiederum wird in der Physik als Zeichen dafür gewertet, dass das Neutron ein zusammengesetztes Teilchen ist.

Ohmsches Gesetz

$$U = R \times I$$

Das Ohm'sche Gesetz stammt aus der Physik und gehört zu den wichtigsten Regeln in der Elektrotechnik. Es besagt, dass die Stärke „I" des elektrischen Stroms durch einen Leiter proportional zur elektrischen Spannung „U" verläuft. Der Quotient bleibt damit konstant. Er wird als Ohm'scher Widerstand mit dem Buchstaben „R" bezeichnet.

Anmerkung:
Der Quotient ist das Ergebnis der Division (Grundrechenart, umgangssprachlich auch *Teilen* genannt) und bezeichnet damit das Verhältnis zwischen zwei Größen. Der Begriff wird sowohl in der Mathematik als auch in den Naturwissenschaften genutzt.

Ein alltägliches Beispiel dafür ist die Funktion einer Glühlampe. Wird eine Glühlampe mit einer höheren Spannung betrieben, fließt auch mehr Strom durch die Glühlampe. Das wiederum führt zu einer helleren Beleuchtung. Wird jedoch der Widerstand der Glühlampe erhöht, fließt weniger Strom durch sie. Das wiederum führt zu einer schwächeren Beleuchtung.

Parallelschaltung

In einer sogenannten Parallelschaltung stehen die elektrischen Komponenten parallel zueinander. Auf die Art teilt sich der durchfließende Strom auf und fließt erst dann durch jede Komponente.

In einfachen Worten: Durch jede Komponente fließt die gleiche Menge an Strom, doch der ganze Strom fließt nicht durch alle Komponenten. Entsprechend ist die Spannung in allen Komponenten stets die gleiche. Sie bleibt, anders als bei sogenannten Serienschaltungen, konstant *(näheres dazu siehe auch unter dem Begriff Serienschaltung)*, während sich jedoch der Strom aufteilt. In einer Serienschaltung ist es andersherum.

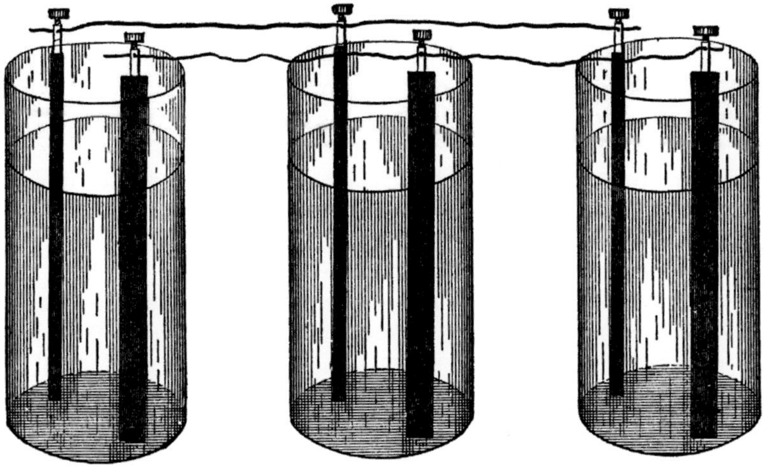

Polarität

Polarität bezieht sich auf die Richtung oder Ausrichtung von elektrischen oder magnetischen Feldern. In einfachen Worten beschreibt Polarität, ob ein Pol positiv oder negativ ist. Stellen Sie sich vor, Sie haben einen Magneten. Ein Magnet hat immer zwei Pole: den **Nordpol** und den **Südpol**. Die Polarität dieses Magneten zeigt also an, welche Seite der Magneten der Nordpol ist und welche der Südpol. In der Elektrotechnik bezieht sich der Begriff Polarität auf die Richtung des elektrischen Stroms oder auf die Ausrichtung von Magnetfeldern.

Bei einer Batterie zum Beispiel hat der **Pluspol** eine positive Polarität und der **Minuspol** eine negative Polarität. Wenn Sie die Polarität ändern (also die Pole vertauschen), ändert sich die Richtung des Stroms, der durch einen Stromkreis fließt.

Zusammengefasst:
Polarität beschreibt, ob etwas positiv oder negativ ist, zum Beispiel bei Stromquellen oder Magneten, und gibt an, in welche Richtung der Strom oder das Magnetfeld wirkt.

Proton

Ein **Proton** ist ein sogenanntes *subatomares* Teilchen, das sich im Atomkern befindet und eine positive elektrische Ladung trägt. Gemeinsam mit sogenannten Neutronen bildet es den Atomkern (siehe Näheres unter Neutron). Die Anzahl der Protonen in einem Atom bestimmt seine chemische Eigenschaft und bestimmt gleichzeitig das Element. So hat beispielsweise *Wasserstoff* nur ein Proton, *Helium* hat zwei, Sauerstoff hat acht usw. Die Anzahl der Protonen wird als Ordnungszahl bezeichnet. Sie ist ein charakteristisches Merkmal eines Elements im Periodensystem der Elemente. Außerdem sind Protonen an chemischen Reaktionen beteiligt. Als positiv geladene Kerne üben sie die Anziehung zu negativ geladenen Elektronen in anderen Atomen oder Molekülen aus (Näheres siehe unter dem Begriff Elektronen).

Rotor

Der **Rotor** ist der drehbare Teil eines Elektromotors oder Generators, der durch das Magnetfeld des **Stators** in Bewegung gesetzt wird. Der Rotor ist der Teil, der sich dreht, während der Stator, der das Magnetfeld erzeugt, fest bleibt. Der Rotor besteht aus einer Spule oder Drahtwicklungen, die durch das Magnetfeld des Stators beeinflusst werden. Wenn der Strom durch die Rotorwicklungen fließt, wird ein Magnetfeld erzeugt, das mit dem Magnetfeld des Stators wechselwirkt und so den Rotor in Bewegung versetzt.

Einfach gesagt: Der Rotor ist der "bewegliche" Teil des Motors oder Generators, der sich dreht und die mechanische Arbeit leistet, während der Stator das Magnetfeld liefert, das diese Bewegung ermöglicht. Zusammen sorgen sie dafür, dass der Motor oder Generator funktioniert.

Sequenzielle Schaltung

Eine **sequenzielle Schaltung** ist eine Art von elektronischer Schaltung, bei der der Ausgang nicht nur vom aktuellen Eingang, sondern auch vom vorherigen Zustand abhängt. Das bedeutet, dass sich die Schaltung „erinnern" kann, was zuvor passiert ist.

Stellen Sie sich eine Ampel vor: Sie wechselt die Farben in einer bestimmten Reihenfolge (Grün → Gelb → Rot), und jede Farbe hängt davon ab, was vorher passiert ist. Eine sequenzielle Schaltung arbeitet ähnlich – sie speichert Informationen und reagiert nicht nur auf den aktuellen Eingang, sondern auch auf vorherige Signale.

Zusammengefasst:
Eine sequenzielle Schaltung ist eine Schaltung, die nicht nur den aktuellen Eingang berücksichtigt, sondern auch vorherige Zustände speichert und darauf reagiert. Sie wird häufig in Speichern, Zählern und Steuerungen eingesetzt.

Serienschaltung

Serienschaltungen sind Schaltungen, in denen die elektrischen Komponenten hintereinandergeschaltet sind. Dadurch fließt der gesamte Strom nacheinander durch jede Komponente. Entsprechend addieren sich die Spannungen der Komponenten – anders als in Parallelschaltungen, in denen die Spannung immer gleichbleibt. Der Strom bleibt in der Serienschaltung konstant (in der Parallelschaltung hingegen bleibt die Spannung konstant; Näheres dazu siehe unter dem Begriff Parallelschaltung).

Sinuswelle

Eine **Sinuswelle** ist eine gleichmäßige, periodische Schwingung, die durch eine Sinusfunktion beschrieben wird. In der Elektrotechnik stellt sie den typischen Verlauf von Wechselstrom und Wechselspannung dar. Die **Amplitude** gibt den maximalen Wert an, die **Frequenz** (in Hertz, Hz) zeigt, wie oft die Welle pro Sekunde schwingt. Beispielsweise wechselt die Netzspannung im Haushalt 50 Mal pro Sekunde (50 Hz) zwischen positiven und negativen Spitzenwerten. Solche Wellen sind entscheidend für die Beschreibung von Strom und Spannung in Wechselstromkreisen.

Spannung

$$U = R \times I$$

Die **elektrische Spannung** - oft einfach Spannung genannt - ist eine grundlegende physikalische Größe in der Elektrotechnik und Elektrodynamik. In physikalischen Formeln wird sie mit „U" symbolisiert (aus dem Lateinischen von „ugere" = drängen). Im Internationalen Einheitensystem wird sie als Einheit Volt (Einheitensymbol: V) angegeben.

Spannung entsteht durch eine Differenz im sogenannten elektrischen Potential zwischen zwei Punkten in einem Stromkreis. Sie erzeugt generell ein elektrisches Feld, das Ladungen dazu veranlasst, sich zu bewegen. Je größer die Differenz im elektrischen Potential ist, desto größer ist die Spannung und desto stärker ist der „elektrische Druck", der den Stromfluss antreibt. Spannung wird daher umgangssprachlich ebenfalls häufig als „elektrischer Druck“ bezeichnet. Ähnlich wie der Druck in einem hydraulischen oder der Luftdruck in einem pneumatischen System bewirkt die Spannung einen Fluss von Ladungsträgern in einem elektrischen System.

Anmerkung:
Das internationale Einheitensystem für physikalische Größen, auch SI-System genannt (aus dem Französischen für Système *International d'Unités*), ist das am weitesten verbreitete und anerkannte System zur Messung von physikalischen Größen. Es besteht aus sieben Basiseinheiten:

1. Meter (zum Messen der Länge)
2. Kilogramm (zum Messen der Masse)
3. Sekunde (zum Messen der Zeit)
4. Ampere (zum Messen der Stromstärke)
5. Kelvin (zum Messen der Temperatur)
6. Mol (zum Messen der Stoffmenge) und
7. Candela (zum Messen der Lichtstärke)

Diese Basiseinheiten zudem werden verwendet, um alle anderen physikalischen Größen abzuleiten.

Einfach ausgedrückt charakterisiert die Spannung die „Stärke“ einer Spannungsquelle. Sie ist die Ursache dafür, dass ein elektrischer Strom eine elektrische Ladung trägt. Werden beispielsweise die beiden Pole einer Batterie oder Steckdose mit einem leitenden Bauteil verbunden, fließt Strom. Die Höhe des elektrischen Stroms hängt von der Höhe der Spannung und einer Eigenschaft der leitenden Komponente ab, die als *elektrischer Widerstand* (dieser wird auch noch definiert) bezeichnet wird.

Stator

Der **Stator** ist ein fester Teil eines Elektromotors oder Generators, der das Magnetfeld erzeugt, in dem sich der rotierende Teil der Maschine, der **Rotor**, bewegt. Der Stator besteht aus Magneten oder Drahtwicklungen, die rund um den Rotor angeordnet sind. Diese erzeugen das Magnetfeld, das notwendig ist, um den Rotor in Bewegung zu setzen. Ohne den Stator könnte der

Rotor nicht richtig funktionieren, weil er keine Wechselwirkung mit einem Magnetfeld hätte, das seine Bewegung antreibt.

In einfachen Worten: Der Stator ist der "stationäre" Teil des Motors oder Generators, der das Magnetfeld bereitstellt, während der Rotor sich dreht, um mechanische Arbeit zu leisten. Zusammen bilden sie das Herzstück von Elektromotoren und Generatoren.

Stromstärke

Der Begriff **Stromstärke** (heute vorwiegend als elektrische Stromstärke bezeichnet) ist eine aus der Elektrizitätslehre stammende physikalische Größe, die den **Stromfluss** misst. Sie bezieht sich immer auf einen entsprechend gewählten orientierten Bereich, etwa die Querschnittsfläche (Querschnittsfläche = wird ein Körper, beispielsweise ein Würfel, senkrecht der Länge nach durchgeschnitten, ist der Anschnitt die Querschnittsfläche) eines Leiters (Konvektionsstrom) oder die Querschnittsfläche eines Kondensators (Übertragungsstrom).

Zum besseren Verständnis: Konvektionsstrom ist Strom, bei dem eine weitere sogenannte mengenartige Größe mitgeführt wird. Eine mengenartige Größe ist eine physikalische Größe, für die entweder eine Dichte (wie viel von der Größe in einem bestimmten Volumen, d.h. räumlichen Inhalt, enthalten ist) oder ein Strom, d.h. die Rate, in der die Größe durch ein System durchdringt, angegeben werden kann.

Der Begriff Übertragungsstrom bezieht sich im Allgemeinen auf den elektrischen Strom, der durch ein Material fließt, das als Isolator dient. Unter bestimmten Bedingungen kann es dabei zu einem geringen Stromfluss kommen (= Übertragungsstrom). Übertragungsstrom ist normalerweise sehr gering und für die meisten Anwendungen vernachlässigbar. Der Begriff taucht jedoch auch immer wieder in anderen Kontexten auf.

Die Stromstärke gibt also an, wie viel elektrische Ladung sich pro Sekunde durch den Querschnittsbereich eines Leiters (in seltenen Fällen auch eines Kondensators) bewegt. Sie wird mit dem Formelzeichen I gekennzeichnet. Ihre Einheit lautet **„Ampere"** (= **A**, in kleineren Größen auch Milliampere = **mA**). Benannt wurde die Einheit nach dem französischen Mathematiker und Physiker André Marie Ampère. Gemessen wird die Stärke mit einem sogenannten **Amperemeter**, auch als Strommesser oder Stromstärkemesser bekannt.

Es gilt: Je **höher** die Anzahl der Ampere ist, desto **stärker** ist die Stromstärke und desto **gefährlicher** wirkt sie. In Bezug auf die Gefährlichkeit spielt das Zusammenspiel zwischen Stärke und Spannung eine wichtige Rolle. So kann es beispielsweise schon ab einer **Stärke** von **25 mA** zu lebensgefährlichen Verletzungen bei einem Menschen kommen, wenn die **Spannung** entsprechend hoch ist.

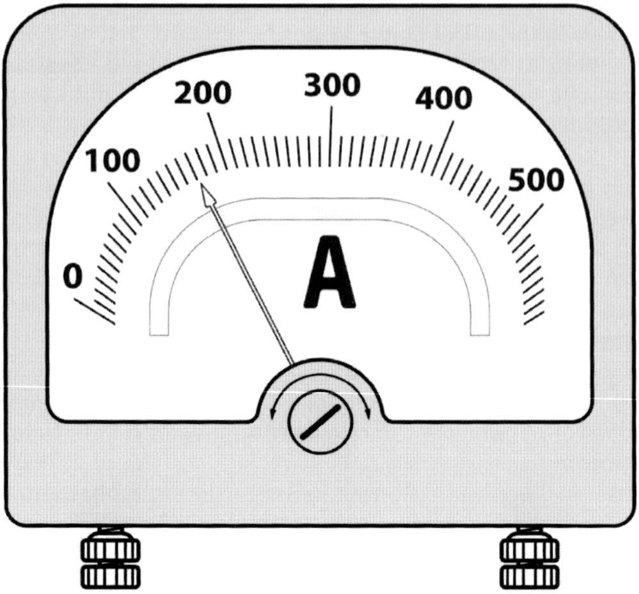

Im Zusammenhang mit vielen alltäglichen **Haushaltsgeräten** wird jedoch eine deutlich **höhere Stromstärke** genutzt. Da allerdings die **Spannung** in der Regel sehr **gering** ist, ist der Umgang mit diesen Objekten für den Menschen weniger gefährlich. Hier ein paar Beispiele für die Stromstärke verschiedener Objekte oder Naturereignisse:

Ort	**Ampere**
Gewöhnliche Steckdose	10 bis 16 A
Handyladegerät	0,5 bis 2 A
Kopfhörer	1 mA
Glühlampe 60 Watt	0,26 A
Glühlampe 75 Watt	0,33 A
Glühlampe 100 Watt	0,43 A
Die meisten Haushaltsgeräte	0,1 bis 10 A
Elektroschweißgerät	500 A
Blitz	10.000 bis 100.000 A (durchschnittlich 36.000 A)

Transformatoren

Als **Transformator**, kurz auch Trafo, wird ein **elektromagnetisches Bauteil** bezeichnet. Dieses Bauteil bzw. Betriebsmittel bringt Wechselstrom oder sogenannten Drehstrom auf ein anderes Niveau von elektrischer Spannung oder Stromstärke. Dies gilt jedoch nur für Wechselstrom und Drehstrom, nicht aber für Gleichstrom. In der Regel wird mit einem Elektromagneten ein wechselndes Magnetfeld in Richtung und Stärke erzeugt. Dieses kann Spannungen und Ströme induzieren. Dadurch wiederum ist es möglich, eine niedrigere oder höhere Spannung als die Primärspannung zu erhalten. Einfach gesagt: Ein Transformator ändert die elektrische Spannung auf ein neues Niveau.

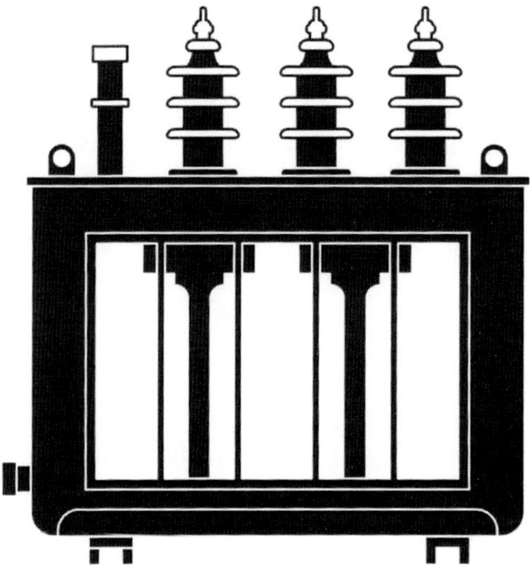

Transistoren

Transistoren gehören wie auch Dioden zu den sogenannten **Halbleiterbauelementen**. Sie sind elektronische Bauelemente, die in der Lage sind, den Fluss von elektrischem Strom zu steuern und bestehen aus Halbleitermaterialien. Es gibt verschiedene Arten von Transistoren. Zu den wichtigsten gehören sogenannte **Bipolartransistoren** (kurz **BJTs**) und **Feldeffekttransistoren** (kurz **FETs**).

Bipolartransistoren werden in der Regel als Verstärker oder Schalter eingesetzt. Sie lassen sich in zahlreichen elektronischen Geräten wie Verstärkern, Radios und Computern finden. **Feldeffekttransistoren** werden häufig in integrierten Schaltkreisen (ICs) eingesetzt und spielen eine wichtige Rolle bei der Steuerung von Signalen in digitalen Schaltungen.

Wechselstrom

Wechselstrom (auch als ***alternating current*** oder **AC** bekannt) ist die Bezeichnung für elektrischen Strom, der periodisch seine Richtung wechselt. Stromstärke und Spannung schwingen typischerweise mit einer festen Frequenz. Wechselstrom ist das Gegenstück zum Gleichstrom, bei dem der Strom in eine Richtung fließt.

Widerstand

Der **elektrische Widerstand** ist eine Eigenschaft eines elektrischen Leiters, die angibt, wie stark er den Fluss von elektrischem Strom behindert. Er wird in der Einheit **Ohm** angegeben und hängt von verschiedenen Faktoren ab. Zu diesen Faktoren zählen vor allem das Material des **Leiters**, dessen Länge und Querschnitt. Ein **hoher Widerstand** bedeutet, dass der Leiter den Stromfluss **stark behindert**, während ein **niedriger Widerstand** bedeutet, dass der Leiter den Stromfluss **weniger behindert**. Der elektrische Widerstand kann durch spezielle Bauelemente wie die bereits erwähnten Widerstände *(nicht zu verwechseln mit dem elektrischen Widerstand als Eigenschaft des Leiters)* kontrolliert und manipuliert werden, um den Stromfluss in einem elektrischen Schaltkreis zu steuern.

Elektrotechnische Sicherheit

Der Umgang mit Strom kann gefährlich sein – das weiß bereits jedes Kind. Es gibt einige Gefahren im Umgang mit Elektrizität, allerdings auch zahlreiche Maßnahmen, die dem Schutz dienen. In den meisten Ländern sind umfangreiche elektrische Sicherheitsvorschriften und -normen vorhanden, die den Nutzer von Elektrizität schützen sollen. In diesem Abschnitt lernen Sie alles zum sicheren Umgang mit Elektrotechnik. Sie erhalten Informationen zu den potenziellen Gefahren, passenden Sicherheitsmaßnahmen und Erste-Hilfe-Verhalten im Falle von Stromunfällen.

Gefahren beim Arbeiten mit Elektrizität

Beim Arbeiten mit elektrischen Anlagen und Betriebsmitteln treten zahlreiche Risiken auf. Dabei muss noch nicht mal hohe Spannung vorhanden sein. Etwa **90% der Unfälle** durch elektrischen Strom geschehen im Bereich der **Niederspannung**. Das ist bei **weniger als 1000 Volt**. Etwa **die Hälfte** aller Unfälle geschehen im Bereich des **Arbeitens an Anlagen**. Dazu gehört beispielsweise das Erweitern, Ändern oder Anbauen von elektrischen Anlagen.

Sehr häufig treten Unfälle also genau dort auf, wo sie gar nicht erwartet werden oder wo die Gefahrenlage als geringer eingeschätzt wird. Das verdeutlicht einmal mehr, wie gefährlich der Umgang mit elektrischem Strom sein kann, wenn nicht ausreichend Acht gegeben wird.

Ungefähr **ein Drittel der Unfälle** geschehen im Rahmen von **Routinetätigkeiten**. Dazu gehören etwa Prüf- und Messarbeiten, aber auch die Störungssuche.

Zu den größten Risikofaktoren gehören die folgenden:

- Überhöhte Temperaturen
- Gefährliche Körperströme
- Falsche Spannung, beispielsweise Überspannung und Unterspannung
- Elektromagnetische Einflüsse
- Stromunterbrechungen oder Unterbrechungen der elektrischen Anlage
- Mechanische Bewegungen von elektrisch angetriebenen Betriebsmitteln
- Lichtbögen, die Blendeffekte bis hin zur Schädigung der Augen zur Folge haben
- Außergewöhnliche Drücke, giftige Gase und Verbrennungen

Überhöhte Temperaturen bei der Arbeit mit elektrischem Strom können zu **Verbrennungen, Bränden oder Entzündungen** führen. Insbesondere in explosiven Atmosphären kann eine Entzündung erheblichen Schaden verursachen. Hohe Temperaturen sind daheim ein besonders großer Risikofaktor bei der Arbeit mit Strom. Aber auch der Strom als solcher ohne weitere Außeneinflüsse birgt Gefahren. So ist es nicht unüblich, dass beim Arbeiten mit elektrischen Anlagen gefährliche Körperströme Verletzungen verursachen. Wer einen elektrischen Schlag bekommt, kann dabei zahlreiche Folgen von einem unangenehmen Zucken bis hin zum Tod erfahren. Einen elektrischen Schlag können sich Arbeitende beispielsweise beim Berühren von Anlagenteilen holen, die unter Spannung stehen.

Kleine elektrische Schläge werden häufig sogar im **Alltag** erfahren. Sicherlich kennen Sie das auch: Sie laufen mit Gummisohlen über einen Teppich. Die beiden Materialien reiben aneinander. Ein paar Schritte weiter verlassen Sie den Raum über die Tür, doch sobald Sie die Türklinke berühren, erhalten Sie einen kleinen elektrischen Schlag. Der Schlag ist nicht gefährlich, aber unangenehm. Der Strom durchströmt Sie dabei für weniger als eine Sekunde.

Elektrizität entsteht auch durch **Reibung**. Reiben zwei Elemente aneinander, entstehen dabei elektrische Strömungen. Dabei wandern Elektronen von einem Objekt auf das nächste. Das zweite Objekt lädt sich dadurch **negativ** auf. Kann es **sich nicht wieder entladen,** erfolgt eine **weitere Aufladung** mit jeder weiteren Reibung. Der Körper oder das Objekt möchte die überflüssigen Elektronen wieder loswerden. Er wartet darauf, dass ein **leitendes Material** in die Nähe kommt, über das es wieder **abgeleitet** werden kann.

In diesem Beispiel springen die Elektronen vom **Teppich** auf das **Gummi** der Schuhe. Die Schuhe laden sich dabei **negativ** auf. Da die Sohle aus Gummi in Richtung Teppich **isolierend** wirkt, kann sich der Schuh nicht wieder entladen. Gummi ist schließlich kein leitendes Material. Über die Sohlen und Schuhe lädt sich jedoch der menschliche Körper weiter auf. Diese überschüssigen Elektronen möchte er wieder abgeben, sobald er eine Möglichkeit dazu hat. Er wartet sozusagen darauf, dass ein leitendes Material gegriffen wird. Je nachdem, aus welchem Material die Türklinke besteht, kann diese als **Ableiter** fungieren. Türklinken sind häufig aus **Metall,** ein Material, das Strom leitet. Sobald der Körper das Stück Metall berührt, erhält der Mensch einen elektrischen Schlag. Da weder eine hohe Spannung noch Stromstärke vorhanden sind, ist der Schlag jedoch nur geringfügig unangenehm. Er ist in der Regel nicht gefährlich.

Elektrische Schläge dieser Art sind keine Seltenheit. Das Beispiel zeigt jedoch sehr gut, inwieweit Elektrizität selbst in kleinen **Alltagsangelegenheiten** eine Rolle spielt. Übrigens geschieht es generell **häufiger im Winter**, dass Menschen einen elektrischen Schlag erhalten. Das liegt daran, dass die **Luftfeuchtigkeit** im Sommer deutlich höher ist. Überschüssige Elektronen werden dann über die Haut an die Luft abgegeben. **Wasser** leitet Strom ebenfalls sehr gut. So gelingt es dem Körper häufig, die Elektronen so schnell an die Luft abzugeben, bevor eine weitere Aufladung erfolgt. Der Körper muss also nicht darauf warten, dass ein Metallgriff in die Finger gerät.

Auch **falsche Spannungen** und **elektromagnetische Einflüsse** können Gefahren beim Umgang mit Strom beinhalten. Dies geschieht häufig durch die Einwirkung anderer Anlageteile. Aber auch ein **Blitzschlag** kann eine solche Gefahr sein. Daneben gibt es zahlreiche Gefahren, die mit anderen Eigenschaften der Geräte zusammenhängen. Strom kann beispielsweise Lichtbögen erzeugen, die stark blenden oder sogar zur Schädigung der Augen führen. Bei vielen Geräten, die unter Strom stehen, kommt es außerdem zur Herstellung von giftigen Gasen, Verbrennungen oder mechanischen Bewegungen, die Verletzungsrisiken beinhalten.

Nicht selten sind scheinbar Kleinigkeiten die Ursache für die Entstehung von **Bränden** oder anderen **elektrisch bedingten Gefahren**. Deshalb sind Überprüfungen von elektrischen Geräten sehr wichtig, um dies vorzubeugen. Häufig ist eine **schadhafte Isolierung** oder eine **Überbelastung** die Ursache für einen Unfall. Fehler wie diese bleiben nicht selten unentdeckt, wenn keine regelmäßigen Überprüfungen stattfinden. Sie sind für das Auge des Laien nicht immer offensichtlich.

> **!**
>
> **Wichtig:**
> Falls Sie sich nicht sicher sind, ob ein elektrisches Gerät tatsächlich defekt ist und damit sogar eine Gefahr darstellt, sollten Sie lieber eine Fachperson zur Einschätzung der Sicherheit kontaktieren. Wenn dies nicht möglich ist und eine Gefahr nicht explizit ausgeschlossen werden kann, sollte das Gerät sicherheitshalber ersetzt werden. *Mehr dazu finden Sie im Abschnitt zur Gefährdungsbeurteilung wieder.*

Schutzmaßnahmen im Umgang mit Elektrizität

Um Gefahren im Umgang mit Elektrizität zu vermeiden beziehungsweise das Risiko zu minimieren, gibt es zahlreiche **Schutzmaßnahmen**. Vor allem gelten in Deutschland umfassende **Rechtsvorschriften**, welche die allgemeinen Anforderungen an die Elektrosicherheit formulieren. Dies gilt insbesondere für den Arbeitsplatz. Unternehmer sind dafür verantwortlich, die Elektrosicherheit in betrieblichen Angelegenheiten zu gewährleisten. Dies ist beispielsweise in § 3 des **Arbeitsschutzgesetzes** enthalten.

Außerdem werden für die Arbeit mit Elektrizität spezielle **Fachkräfte** ausgebildet. **Elektrofachkräfte** sind dafür verantwortlich, die Sicherheit von elektrischen Betriebsmitteln und Anlagen zu gewährleisten. Sie werden über mehrere Jahre geschult und kennen sich umfassend im Bereich der Elektrizität aus. Zu ihren Aufgaben gehören unter anderem das Sicherstellen des ordnungsgemäßen Zustandes diverser elektrischer Anlagen. Sie erstellen außerdem Betriebsanweisungen und belehren Mitarbeiter in einem Unternehmen über den Umgang. Dies geschieht in der Regel im Rahmen einer Sicherheitsunterweisung. Elektrofachkräfte sind außerdem für die Planung, Installation und Prüfung von Elektrogeräten zuständig. Wer als Elektrofachkraft tätig sein möchte, muss zunächst eine abgeschlossene Ausbildung zum **Elektrotechniker oder Elektriker** vorweisen können. Außerdem benötigt er einen Meistertitel beziehungsweise einen Technikertitel oder Ingenieurstitel. Aber auch wer einen solchen Titel nicht nachweisen kann, arbeitet nach einer dreijährigen Ausbildung im Bereich der Elektrizität mit. Als Elektrotechniker oder Elektriker.

Neben umfassenden rechtlichen Vorschriften, welche die Sicherheit der Bürger gewährleisten sollen, und der Ausbildung spezieller Fachkräfte gibt es auch zahlreiche Alltagsangelegenheiten, die das Risiko einer Gefährdung minimieren können.

Die Grundlage für die Elektrosicherheit stellt die sogenannte **Gefährdungsbeurteilung** dar. Die Gefährdungsbeurteilung sorgt dafür, dass alle Anlagen und Betriebsmittel genauestens unter die Lupe genommen werden. Es soll erkannt werden, wo potenzielle Gefahren entstehen könnten. Außerdem wird im Rahmen dieser Beurteilung festgelegt, welche geeigneten Schutzmaßnahmen das Risiko entweder ganz beseitigen oder zumindest minimieren können. Daneben gehören regelmäßige Überprüfungen der Gerätschaften in den Bereich der Sicherheits- und Schutzmaßnahmen. Wer viele Jahre alte elektrische Geräte zu Hause stehen hat, sollte diese ruhig unter die Lupe nehmen lassen. Bei einem auffälligen Defekt sollten die Geräte ausgetauscht werden. Eine Elektrofachkraft muss natürlich nicht dabei bestellt werden, nur weil beispielsweise ein Toaster jahrelang unbenutzt in der Küche stand. Handelt es sich jedoch um elektrische Geräte, die unter Starkstrom stehen, ist das Risiko einer ernsten Gefährdung deutlich größer.

Generell zeigt sich, dass viele Menschen im Bereich der Elektrizität verunglücken, weil Leichtsinn und mangelndes Fachwissen vorherrschen. Auch Fachkräfte sind davon nicht verschont. Dies zeigt, dass im Grunde niemand vor Risiken und Unfällen verschont bleibt, ganz gleich, wie viel Fachwissen vorhanden ist. Um sich also vor den Gefahren zu schützen, sind besondere Sicherheitsmaßnahmen absolut unumgänglich. Vor allem sollten elektrische Geräte stets vom Strom genommen werden, bevor an ihnen gearbeitet wird. Das Arbeiten unter Spannung ist nur Elektrofachkräften erlaubt. Diese müssen sich an bestimmte Sicherheitsvorschriften halten. Außerdem ist es auch nur in bestimmten Situationen erlaubt – und zwar dann, wenn das Arbeiten unter Spannung absolut notwendig ist.

Grundsätzlich sollte die Arbeit an von Strom betriebenen Geräten und Betriebsmitteln immer **ohne Spannung** geschehen. Dies gilt nicht nur für den professionellen Bereich, sondern auch für den Alltag. Sorgen Sie vor Beginn der Arbeiten dafür, dass das Gerät **ordnungsgemäß ausgeschaltet** ist. Ziehen Sie den Stecker oder nehmen Sie im Zweifelsfall sogar die Sicherung raus. Unternehmen Sie alle notwendigen Schritte, die dafür sorgen, dass keine Spannung mehr vorhanden ist. Das gilt auch für reine **Untersuchungen des Gerätes**. Haben Sie beispielsweise ein defektes Gerät zu Hause, das Sie sich genauer anschauen müssen, dann sollten Sie auch hier vorher alle Sicherheitsmaßnahmen durchführen. Das gilt auch dann, wenn es sich um ein einfaches Haushaltsgerät handelt.

!

Wichtig:
Selbst banal wirkende Arbeiten wie das Auswechseln einer Lampe oder Glühbirne sollten immer unter Vorsicht geschehen.

Grundsätzlich gilt, dass defekte Geräte nur von Fachleuten repariert werden sollten. Wer ohne nötiges Fachwissen eine solche Reparatur vornimmt, verursacht schnell Unfälle.

Eine weitere Möglichkeit, sich beim Umgang mit Elektrizität zu schützen, ist immer spezielle **Schutzkleidung** zu tragen und darauf zu achten, welche **Materialien** Strom **leiten** und welche nicht. Nicht alle Materialien leiten Strom bzw. leiten ihn gleich gut. Materialien, die Strom sehr gut leiten, werden als **Leiter** bezeichnet. Materialien, die dies nicht oder nur sehr schwer machen, werden **Nicht-Leiter** oder **Isolatoren** genannt. Grundsätzlich sollte Elektrizität von leitenden Materialien ferngehalten werden.

Zu den sogenannten Leitern zählen beispielsweise:

- Wasser
- Metalle wie Gold, Eisen, Silber, Kupfer und Platin
- Kohle
- Quecksilber
- Graphit
- Messing

Zu den Isolatoren wiederum gehören zum Beispiel:

- Gummi
- Kunststoff
- Glas
- Keramik/Porzellan
- Holz
- Papier
- Luft (wenn der Druck niedrig ist)
- Teflon

Aus diesem Grund erzählen Eltern ihren Kindern beispielsweise, dass sie keine Gabeln in den Toaster oder in die Steckdose halten sollen. Das Metall des Bestecks würde den Strom direkt in den Körper des Kindes leiten. Ein Plastikstück wiederum wäre die deutlich sichere Wahl.

Grundsätzlich gehören elektrische Trennungen zu den wichtigsten Schutzmaßnahmen. Eine elektrische Trennung ist eine **Isolierung** oder Abschirmung von elektrischen Leitern, Komponenten oder Geräten, die sicherstellt, dass kein Stromfluss zwischen ihnen stattfindet. Eine elektrische Trennung kann auf verschiedene Weisen erreicht werden, beispielsweise durch die Verwendung von isolierenden Materialien wie Kunststoffen oder Keramik, durch physische Abstände zwischen leitenden Teilen oder durch spezielle Vorrichtungen wie Schutzschalter und Sicherungen.

Nicht-leitende Materialien isolieren, weshalb Schutzkleidung stets aus Materialien wie Kunststoff oder Ähnlichem gemacht ist. Daneben sind zahlreiche elektrische Geräte mit **Isolierungen** ausgestattet, die auch niemals entfernt werden sollten. Diese besteht meist aus einer Schicht aus isolierendem Material, die dazu dient, die elektrischen Leiter und Komponenten des Geräts vor äußeren Einflüssen zu schützen.

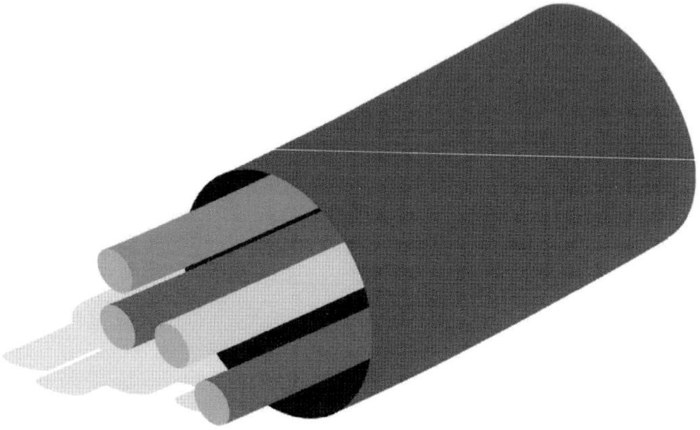

Die Isolierung verhindert, dass Strom unkontrolliert fließt und schützt gleichzeitig Benutzer vor elektrischen Gefahren. Isolationsmaterialien bestehen beispielsweise aus Kunststoffen, Gummi, Glas oder Keramik. Wenn die Isolierung beschädigt wird oder nicht ordnungsgemäß funktioniert, kann dies zu Kurzschlüssen, Stromschlägen und anderen gefährlichen Situationen führen. Daher ist es wichtig, dass Sie die elektrischen Geräte regelmäßig auf ihre Isolierung überprüfen.

Auch ein sogenannter **Schutzleiter** ist ein wichtiger Bestandteil der Schutzmaßnahmen im Bereich der Elektrizität. Dieser ist Teil eines elektrischen Systems und dient dazu, Personen und Geräte vor elektrischen Gefahren zu schützen. In der Regel handelt es sich dabei um einen Draht oder eine Leitung, die mit dem **Erdungssystem** des Gebäudes verbunden ist.

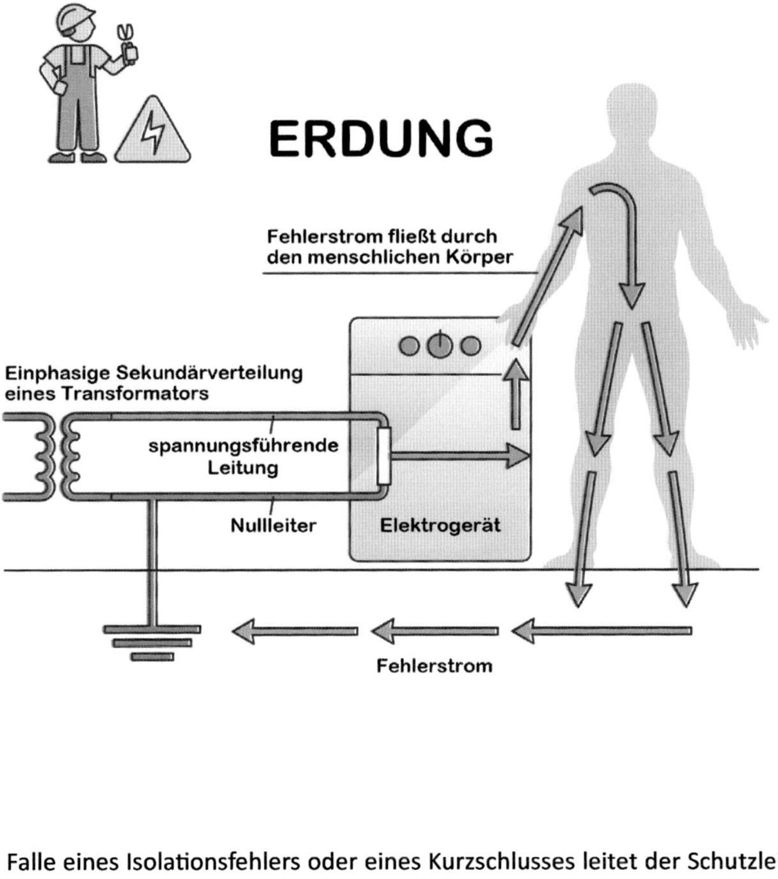

Im Falle eines Isolationsfehlers oder eines Kurzschlusses leitet der Schutzleiter den Strom sicher zur Erde ab, anstatt dass er durch den menschlichen Körper oder andere leitfähige Teile fließt. Dies reduziert das Risiko von Stromschlägen und anderen elektrischen Unfällen erheblich. In vielen Ländern ist die Installation eines Schutzleiters an elektrischen Geräten aus Sicherheitsgründen gesetzlich vorgeschrieben. Erkennbar ist er meist durch grün-gelbe Farbkennzeichnung.

Allgemeindefinition „Erdungssystem"
Ein Erdungssystem in der Elektrotechnik bezieht sich auf die Praxis, elektrische Anlagen und Geräte mit der Erde zu verbinden. Das Erdungssystem dient dazu, unerwünschte Spannungen abzuleiten, um die Gefahr von Stromschlägen zu minimieren.

Eine weitere Schutzvorrichtung ist ein sogenannter FI-Schutzschalter, auch als Fehlerstrom-Schutzschalter (RCCB „Residual Current operated Circuit-Breaker") bezeichnet. Dies ist eine elektrische Vorrichtung, die Personen vor Stromschlägen schützen soll. Der FI-Schutzschalter überwacht den Stromfluss in einem Stromkreis und unterbricht die Stromzufuhr, wenn er einen Fehlerstrom feststellt.

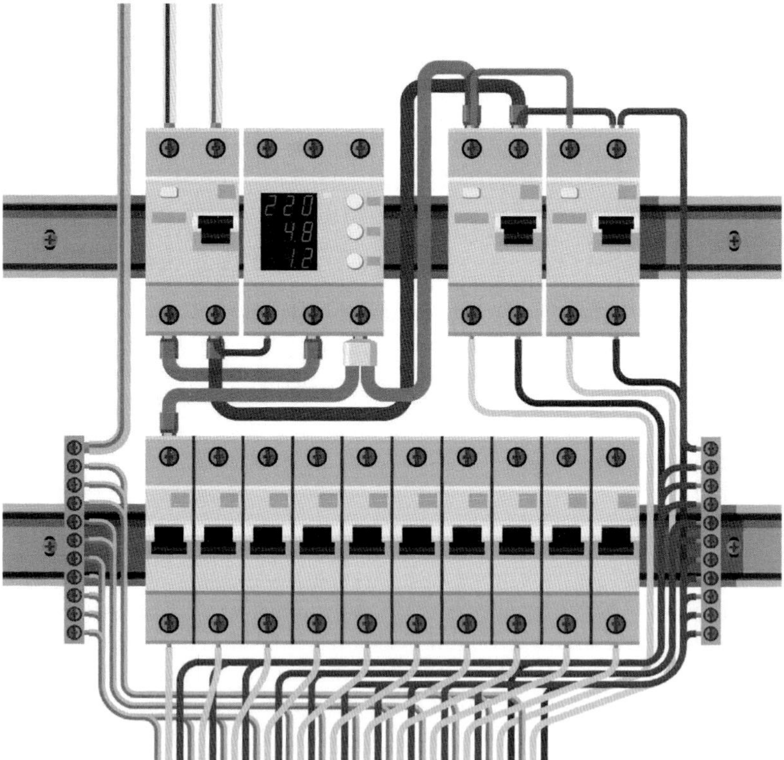

Es sind verschiedene Typen von FI-Schutzschaltern bekannt. Zu den wichtigsten gehören:

- **Typ A:** Der Standard-FI-Schutzschalter – er ist für den Schutz vor Wechselstromfehlströmen ausgelegt und erkennt sowohl sinusförmige als auch pulsierende Gleichfehlerströme.
- **Typ B:** Er bietet zusätzlich zum Schutz vor Wechselstromfehlströmen auch Schutz vor pulsierenden Gleichfehlströmen. Dieser Typ wird häufig in Umgebungen eingesetzt, in denen Geräte mit elektronischen Bauteilen verwendet werden.
- **Typ F:** Diese Art von FI-Schutzschalter bietet einen erweiterten Schutz und kann auch hochfrequente Wechselströme erkennen. Diese entstehen beispielsweise durch Frequenzumrichter oder LED-Beleuchtungssysteme.

Dies sind die drei wichtigsten Kategorien. Daneben gibt es noch weitere Schutzschalter-Typen, deren detaillierte Ausführung jedoch den Rahmen dieses Buches sprengen würde.

Ein sogenannter Fehlerstrom tritt beispielsweise auf, wenn ein Teil des elektrischen Stroms vom normalen Pfad abweicht. Das geschieht etwa durch einen Isolationsfehler oder wenn eine Person versehentlich mit einem stromführenden Teil in Berührung kommt. In solchen Fällen kann ein FI-Schutzschalter den Stromkreis innerhalb von Millisekunden unterbrechen und so das Risiko eines lebensgefährlichen Stromschlags minimieren. Wie auch Isolierungen sind FI-Schutzschalter in zahlreichen Ländern vorgeschrieben. Sie sind häufig in Wohngebäuden und Gewerbeanlagen eingebaut.

Eine weitere nennenswerte Einrichtung ist der sogenannte **Überspannungsschutz (Over Voltage Protection)**. Dabei handelt es sich um eine Vorrichtung, die dazu dient, elektrische Geräte und Anlagen vor Schäden durch Überspannungen zu schützen. Überspannungen können beispielsweise durch Blitzschläge, Schaltvorgänge im Stromnetz oder andere externe Einflüsse verursacht werden. Sie können zu erheblichen Beschädigungen von elektronischen Geräten führen, aber in schweren Fällen auch gefährliche Folgen für den bedienenden Menschen haben. Der Überspannungsschutz begrenzt die Spannungsspitzen und wirkt ableitend, bevor die Geräte erreicht werden. Häufig wird dabei überschüssige Energie absorbiert und sicher zur Erde abgeleitet. Ein bekanntes Beispiel ist ein Blitzableiter am Haus. Vorrichtungen dieser Art befinden sich beispielsweise in elektrischen Verteilern, Steckdosenleisten oder direkt in elektrischen Anlagen. Vor allem empfindliche Geräte wie Computer und Fernseher werden auf die Art vor Beschädigungen geschützt. Teilweise sind Überspannungsschutzvorrichtungen gesetzlich vorgeschrieben, insbesondere in Bereichen mit häufig auftretenden Gewittern oder in industriellen Umgebungen.

Letztlich sind **Kennzeichnungen** und **Beschilderungen** ein wichtiger Bestandteil der Schutzmechanismen. Sie weisen den Benutzer von elektrischen Geräten stets auf die Gefahren hin und geben bestimmte Instruktionen zur Bedienung an. Beachten Sie Kennzeichnungen, Warnhinweise, Bedienungsanleitungen und Ähnliches stets ordentlich, lesen Sie die Details und schreiben Sie ihnen die Bedeutung zu, die sie haben.

Erste Hilfe bei Unfällen

Passiert trotz aller Vorsichtsmaßnahmen ein Unfall mit Strom, muss schnell gehandelt werden. Auch Helfer müssen dabei jedoch besonders vorsichtig sein.

Große Vorsicht ist vor allem dann geboten, wenn der Unfall in einem Ort passiert, in dem viel **Feuchtigkeit** herrscht. Entsprechende Räume sind beispielsweise Keller und Garage, Küche und Bad. Besondere Vorsicht ist auch dann geboten, wenn in diesen Räumen keine großen Wasserpfützen oder Ähnliches sichtbar sind. Als erste Maßnahme sollte die Stromzuleitung direkt unterbrochen werden. Bei Unfällen im Haushalt geschieht dies häufig durch das Herausziehen des Steckers oder die Betätigung der Sicherung beziehungsweise des Hauptschalters.

Wichtig:
Ein großer Fehler ist es, einen Menschen, der noch am Stromkreis angeschlossen ist, mit den Händen anzufassen. Als erster Reflex könnte der Drang entstehen, jemanden möglicherweise vom Stromnetz wegzuziehen.

Da der menschliche Körper jedoch leitend ist, würde sich die Person nur selbst an den Stromkreis anschließen.

Hat eine Person einen Stromschlag erhalten, ist es wichtig, sofort den Notruf **112** einzuschalten. Im Anschluss muss getestet werden, ob der Betroffene angesprochen und beruhigt werden kann. In jedem Fall sollten Sie Schutzhandschuhe anziehen, falls Sie über welche verfügen. Das sorgt dafür, dass Sie selbst nicht mit der Elektrizität in Berührung kommen. Sind Brandwunden vorhanden, werden diese möglichst keimfrei bzw. sauber bedeckt (z.B. mit Material aus einem Verbandskasten). Bis zum Eintreffen des Rettungsdienstes können Erste-Hilfe-Maßnahmen wie die stabile Seitenlage und die Herz-Lungen-Wiederbelebung durchgeführt werden, falls dies nötig sein sollte. Besondere Achtung gilt jedoch bei **Hochspannungsunfällen.** Hier kann Rettung nur durch Fachpersonal geschehen.

Sie sind sich nicht sicher, ob eine Person einen **Stromschlag** erhalten hat? Hier sind typische **Symptome** eines Stromschlages:

- Muskelverkrampfung, solange die Stromeinwirkung besteht
- Sogenannte Strommarken, das heißt, Wunden mit Verbrennungen und Brandstellen an den Ein- und Austrittsstellen des Stroms
- Möglicherweise Bewusstlosigkeit
- Herz-Kreislauf-Stillstand

Als Ersthelfer sollten Sie auf jeden Fall mit der **stabilen Seitenlage** und der **Herz-Lungen-Wiederbelebung** vertraut sein.

Die **stabile Seitenlage** schützt den Betroffenen vor allem davor, zu ersticken. Sie verhindert das Zurückfallen der Zunge in den Rachen, was andernfalls die Atemwege verschließen könnte. Auch Erbrochenes kann auf diese Weise abfließen und verhindert die Atmung nicht. Zudem sichert die Lage das Liegen des Betroffenen in einer stabilen, relativ sicheren Position, bis medizinische Hilfe naht. Um die stabile Seitenlage durchzuführen, folgen Sie den beschriebenen Schritten:

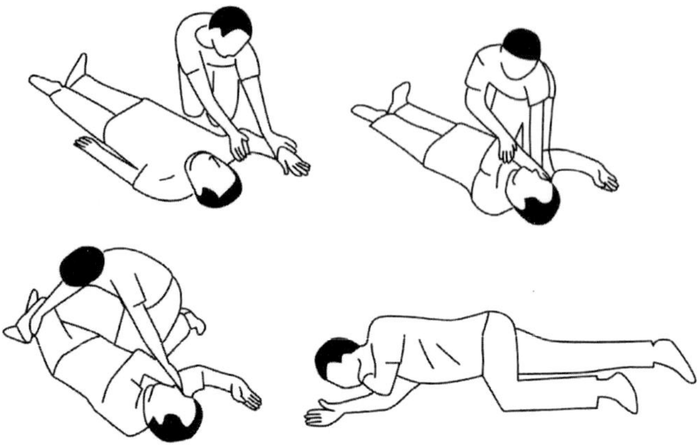

Ausgangsposition
Legen Sie die Person auf den Rücken und strecken Sie die Arme längs neben den Körper aus.

Anwinkeln des Armes
Knien Sie sich neben die Person und bringen Sie den am nächsten liegenden Arm des Betroffenen in einem rechten Winkel zum Körper.

Überkreuzen der Arme
Legen Sie anschließend den anderen Arm über die Brust des Verletzten. Platzieren Sie die Hand am gegenüberliegenden Wangenknochen und halten Sie den Arm in dieser Position fest.

Anheben des Beines
Greifen Sie das am nächsten liegende Bein an der Kniekehle und ziehen Sie es leicht nach oben. Dabei halten Sie die Hand auf der Schulter, um die Person in die seitliche Position zu drehen.

Stützen des Kopfes
Stützen Sie den Kopf der Person mit Ihrer Hand ab, um sicherzustellen, dass er nicht nach hinten kippt. Dies verhindert mögliche Blockaden der Atemwege.

Befindet sich der Betroffene in der stabilen Seitenlage, bedeutet das nicht, dass er unbeaufsichtigt bleiben sollte. Sofern möglich, sollten Sie weiterhin an seiner Seite bleiben, um die Atmung regelmäßig zu überprüfen, bis professionelle Hilfe eintrifft.

Auch die **Herz-Lungen-Wiederbelebung (kurz HLW)** sollten Sie für den Ernstfall kennen. Diese lebensrettende Maßnahme wird angewendet, wenn eine Person keine Atmung oder keinen Herzschlag mehr hat. Die Herz-Lungen-Wiederbelebung besteht aus einer Kombination von Brustkompressionen und Beatmung. Diese Kombination soll den Blutfluss und Sauerstofftransport im Körper aufrechterhalten, bis professionelle medizinische Hilfe eintrifft. Sie reicht in vielen Fällen nicht aus, um einen ernsten Notfall zu lösen, kann den Betroffenen jedoch am Leben halten, bis schwere Verletzungen zuverlässig behandelt werden können.

Kommt es zu einem Herzstillstand, wird das sauerstofftragende Blut nicht weiter durch den Körper gepumpt. Lebensnotwendige Organe erhalten nicht mehr ausreichend Sauerstoff für ihre Funktion und können ernsthafte Schäden nehmen. Besonders anfällig ist das Gehirn: Gehirnzellen können bereits nach drei bis fünf Minuten ohne Sauerstoff absterben. Da es nach einem Stromschlag schnell zu einem Herz-Kreislauf-Stillstand kommen kann, ist die Herz-Lungen-Wiederbelebung eine der wichtigsten Ersthilfemaßnahmen. Beherrschen Sie diese Rettungsmaßnahme, bringen Sie das Herz dazu, weiterzuschlagen, bis der Notdienst eintrifft. So wenden Sie die Maßnahme an:

- Stellen Sie sicher, dass die Person auf einem festen Untergrund liegt. Ein weicher Untergrund gibt bei der Bewegung und beim Druck auf den Oberkörper nach und eignet sich daher nicht für die Rettungsmaßnahme.
- Überprüfen Sie zunächst die Atmung der Person, indem Sie Ihr Ohr über Mund und Nase halten. Beobachten Sie gleichzeitig, ob sich der Brustkorb hebt und senkt. Spüren Sie keine Atmung auf der Haut und bewegt sich der Brustkorb nicht, sind das sichere Anzeichen dafür, dass keine Atmung vorhanden ist.
- Atmet die Person nicht oder nur unregelmäßig, wird die Herzdruckmassage notwendig. Dafür legen Sie die Handballen in die Mitte des Brustkorbs des Betroffenen und drücken mindestens 5 cm tief mit geradem Arm hinein. Drücken Sie mehrfach schnell und hart – idealerweise etwa 100 bis 120 Mal pro Minute. Das sind mehr als einmal pro Sekunde – Sie müssen also tatsächlich ein ordentliches Tempo erreichen.
- Sie unterbrechen die Massage allerdings nach jeweils 30 Kompressionen für zwei Beatmungen. Für die Beatmungen bewegen Sie den Kopf des Verletzten vorsichtig nach hinten und heben das Kinn an. Dann blasen Sie zweimal kräftig in Nase oder Mund, um Luft zuzuführen.
- Anschließend kehren Sie zur Herzdruckmassage zurück. Wiederholen Sie diese Abfolge (30 Kompressionen gefolgt von zwei Beatmungen) so lange, bis die Person wieder zu atmen beginnt oder professionelle medizinische Hilfe eintrifft.

Auch die Herz-Lungen-Wiederbelebung sollte regelmäßig geübt werden, um sicherzustellen, dass sie im Notfall korrekt durchgeführt werden kann. Beachten Sie, dass Sie nicht zu zurückhaltend mit dem Druck sein müssen. Viele Menschen haben Sorge, den Verletzten noch mehr zu verletzen, wenn sie zu viel Druck auf den Oberkörper ausüben. Mit zu wenig Druck funktioniert die Massage jedoch nicht. Durch die Herzdruckmassage entsteht im Brustkorb ein Überdruck. Das Herz wird komprimiert und das Blut in den Körper gepumpt – und damit auch zu den lebenswichtigen Zellen und Organen. Wird der Brustkorb wieder entlastet, entsteht ein Unterdruck – das Herz saugt Blut wieder an. Den Vorgang können Sie sich ähnlich der Funktionsweise eines Schwamms vorstellen, der Wasser abgibt, wenn Sie zudrücken und aufsaugt, sobald Sie loslassen.

Merkzettel zur Herz-Lungen-Wiederbelebung

1. Sicherheitsüberprüfung
Stellen Sie sicher, dass die Person auf einem festen Untergrund liegt, um die Effektivität der Maßnahme zu gewährleisten.

2. Atmungsprüfung
Überprüfen Sie die Atmung, indem Sie Mund und Nase der Person abdecken und gleichzeitig den Brustkorb auf Bewegungen beobachten. Fehlt die Atmung, sind Maßnahmen erforderlich.

3. Herzdruckmassage
Legen Sie die Handballen in die Mitte des Brustkorbs und führen Sie 30 Kompressionen mit geradem Arm und einem Druck von mindestens 5 cm durch. Wiederholen Sie dies im Rhythmus von 100-120 Kompressionen pro Minute.

4. Beatmung
Nach 30 Kompressionen beugen Sie den Kopf vorsichtig zurück, heben das Kinn an und führen zwei kräftige Beatmungen durch Nase oder Mund durch.

5. Wiederholung
Kehren Sie zum Zyklus von 30 Kompressionen und zwei Beatmungen zurück, bis die Person wieder zu atmen beginnt oder professionelle medizinische Hilfe eintrifft.

Testen Sie nun Ihr Wissen

1. Was ist der Hauptfokus der Elektrotechnik?

a) Die Herstellung mechanischer Systeme
b) Die Erzeugung, Übertragung und Nutzung von elektrischer Energie
c) Die Entwicklung chemischer Reaktionen
d) Die Gestaltung von Bauwerken

2. Welche Disziplin gehört nicht direkt zur Elektrotechnik?

a) Elektrische Energieerzeugung
b) Elektronik
c) Biologie
d) Kommunikationstechnik

3. Welches der folgenden Geräte ist KEIN Beispiel für Elektrotechnik?

a) Waschmaschine
b) Smartphone
c) Küchenmesser
d) Fernseher

4. Warum ist Elektrotechnik wichtig für moderne Kommunikationssysteme?

a) Sie verbessert die Textur von Materialien
b) Sie ermöglicht die drahtlose Datenübertragung
c) Sie verhindert den Stromverbrauch
d) Sie reduziert mechanische Abnutzung

5. Was beschreibt der Begriff "elektrische Spannung"?

a) Die Geschwindigkeit, mit der Elektronen fließen
b) Die Fähigkeit eines Materials, Strom zu leiten
c) Den Unterschied im elektrischen Potenzial zwischen zwei Punkten
d) Die Wärme, die durch elektrischen Strom erzeugt wird

6. Welche Einheit wird zur Messung der elektrischen Stromstärke verwendet?

a) Volt
b) Ohm
c) Ampere
d) Watt

7. Was ist ein Leiter?

a) Ein Material, das Strom gut leitet

b) Ein Material, das Strom blockiert

c) Ein Gerät zur Spannungsregelung

d) Ein Stromkreis, der unterbrochen ist

8. Warum ist es wichtig, bei der Arbeit mit Elektrizität isolierende Materialien zu verwenden?

a) Um die Schaltung zu vereinfachen

b) Um Stromschläge zu verhindern

c) Um den Stromfluss zu erhöhen

d) Um elektrische Geräte zu verstärken

9. Welche Farbe hat üblicherweise der Schutzleiter in elektrischen Installationen?

a) Blau

b) Gelb-Grün

c) Rot

d) Schwarz

10. Was ist der Zweck eines Fehlerstromschutzschalters (FI-Schalters)?

a) Er verhindert Überhitzung in Geräten

b) Er schützt vor Stromschlägen durch Abschaltung bei Fehlerströmen

c) Er reguliert die Spannung in Stromkreisen

d) Er speichert elektrische Energie

Lösungen

1: b); 2: c); 3: c); 4: b); 5: c); 6: c); 7: a); 8: b): 9: b); 10: b)

Kapitel 2: Elektrische Grundlagen

In diesem Kapitel befassen Sie sich eingehend mit den elektrischen Grundlagen. Dabei erhalten Sie vor allem tiefgehende Informationen über diverse Begrifflichkeiten, welche die Grundlagen der Physik und Elektrotechnik bilden. Was genau ist eigentlich elektrische Ladung und was bedeutet Strom? Wie wird mit dem Ohm'schen Gesetz gerechnet? Wie wird der elektrische Energieverbrauch berechnet? Antworten auf all diese und viele weitere Fragen erhalten Sie im Folgenden.

Elektrische Ladung und Strom

Die Grundlagen der Elektrotechnik beginnen mit den fundamentalen Konzepten der elektrischen Ladung und des elektrischen Stroms. Diese beiden Begriffe bilden die Basis für nahezu alle Anwendungen der Elektrizität und Elektronik. Nachfolgend erhalten Sie daher einen Überblick über die wichtigsten Begriffe und Gesetzmäßigkeiten im Hinblick auf elektrische Ladung und Strom.

Die elektrische Ladung

Die **elektrische Ladung** ist eine grundlegende physikalische Eigenschaft, die beschreibt, wie stark ein Teilchen innerhalb eines Gesamtsystems auf elektromagnetischer Basis mit einem anderen Teilchen interagiert. Sie bildet zudem die Grundlage für elektrische und magnetische Kräfte. Es gibt zwei Arten von elektrischen Ladungen: positive Ladung und negative Ladung. Diese Eigenschaften wurden durch Experimente entdeckt und sind grundlegend für die elektromagnetische Wechselwirkungen.

Die kleinste Einheit der elektrischen Ladung ist das **Elektron**, das eine **negative** Ladung trägt. Sein Gegenstück, das **Proton**, trägt eine **positive** Ladung gleicher Stärke, jedoch mit entgegengesetztem Vorzeichen. Die elektrische Ladung eines Elektrons beträgt etwa:

$$-e \approx -1{,}602 \cdot 10^{-19}\ \text{C (Coulomb).}$$

Das Coulomb ist die SI-Einheit der Ladung und dient als Maß für die Menge an elektrischer Ladung. Für praktische Zwecke sind makroskopische Ladungsmengen wie 1 C oft nützlich, die Millionen von Elektronen oder Protonen repräsentieren. Dadurch wird die Arbeit mit elektrischen Phänomenen auf eine praktische, handhabbare Weise vereinfacht, die sowohl technische Anwendungen als auch theoretische Modelle unterstützt.

Ein wichtiges Gesetz, welches die Interaktion elektrischer Ladungen beschreibt, ist das **Coulomb-Gesetz**.

Das Coulomb-Gesetz

Dieses besagt, dass sich gleichnamige Ladungen abstoßen und ungleichnamige Ladungen anziehen, wobei die Kraft proportional zum Produkt der Ladungsmengen und umgekehrt proportional zum Quadrat ihres Abstands ist.

$$F_c = \frac{1}{4 \times \pi \times \varepsilon_0} x \frac{q_1 \times q_2}{r^2}$$

Charles-Augustin de Coulomb (1736–1806) war ein französischer Physiker und Ingenieur, der für seine bahnbrechenden Arbeiten auf dem Gebiet der Elektrodynamik bekannt ist. Er entdeckte das nach ihm benannte Gesetz, das in zahlreichen Experimenten bestätigt werden konnte.

Gesetz der Ladungserhaltung

Das Gesetz der Ladungserhaltung ist ein fundamentales Prinzip der Physik, das besagt, dass die Gesamtladung in einem abgeschlossenen System stets erhalten bleibt. Dieses Gesetz beschreibt, dass elektrische Ladung weder erzeugt noch vernichtet werden kann, sondern ausschließlich durch Übertragungen oder Umverteilungen zwischen Objekten verändert wird. Es bildet die Grundlage für das Verständnis elektrischer Phänomene und ist in zahlreichen physikalischen und technischen Anwendungen von zentraler Bedeutung.

Die Erhaltung der Ladung gilt unabhängig von der Art der Wechselwirkungen oder den beteiligten physikalischen Prozessen. Ob es sich um chemische Reaktionen, elektrische Ströme oder atomare Prozesse handelt, die Gesamtladung eines abgeschlossenen Systems bleibt konstant. Dies lässt sich mathematisch ausdrücken durch die Formel:

$$\Delta Q = 0$$

Hierbei steht ΔQ für die Veränderung der Gesamtladung im System. Ein Wert von $\Delta Q=0$ zeigt an, dass keine Nettoänderung der Ladung stattfindet.

Gustav Robert Kirchhoff.

Gustav Robert Kirchhoff (1824–1887) war ein deutscher Physiker, der grundlegende Beiträge zur Elektrotechnik und zur Spektralanalyse leistete, insbesondere durch die Formulierung der Kirchhoffschen Regeln für elektrische Netzwerke.

Seine Arbeiten legten die Grundlage für das Verständnis von elektrischen Schaltungen, wobei die Knotenregel und die Maschenregel zur Analyse von Strom- und Spannungsverteilungen in Netzwerken weltweit angewendet werden.

Das Gesetz der Ladungserhaltung zeigt sich in vielen alltäglichen und wissenschaftlichen Kontexten. In der Elektrostatik wird es deutlich, wenn zwei Objekte durch Reibung elektrische Ladung austauschen. Beim Reiben eines Kunststoffstabs an einem Tuch wird der Stab negativ geladen, indem er Elektronen aufnimmt, während das Tuch positiv geladen bleibt, weil es dieselbe Menge an Elektronen verliert. Die Summe der Ladungen vor und nach dem Prozess bleibt konstant, auch wenn die Verteilung der Ladungen verändert wurde.

In elektrischen Schaltungen wird die Ladungserhaltung in Form des Stromflusses beobachtet. Elektrische Ladung fließt durch Leiter, ohne dass sie dabei verloren geht. An jedem Knotenpunkt in einer Schaltung, an dem mehrere Ströme zusammenlaufen, gilt die Kirchhoffsche Knotenregel, die direkt auf dem Gesetz der Ladungserhaltung basiert:

$$\Sigma I_{ein} = \Sigma I_{aus}$$

Diese Gleichung besagt, dass die Summe aller Ströme, die in einen Knoten hineinfließen, gleich der Summe aller Ströme ist, die aus ihm herausfließen. Auch in der modernen Physik bleibt die Ladungserhaltung ein fundamentales Prinzip. Bei Kernprozessen oder Teilchenreaktionen, wie etwa beim Zerfall radioaktiver Elemente oder in der Teilchenphysik, wird die Gesamtladung des Systems stets bewahrt. Wenn beispielsweise ein Neutron in ein Proton, ein Elektron und ein Antineutrino zerfällt, bleibt die Summe der Ladungen unverändert: Das Proton trägt eine positive Ladung, das Elektron eine negative Ladung, und das elektrisch neutrale Antineutrino beeinflusst die Bilanz nicht.

Elektrischer Strom

Der **elektrische Strom** ist die gerichtete Bewegung von Ladungsträgern, in der Regel Elektronen, durch ein leitendes Material. Wenn sich Elektronen in einem Leiter bewegen, wird dies als Stromfluss bezeichnet. Der elektrische Strom wird in der Einheit **Ampere (A)** gemessen, wobei ein Ampere einer Ladungsmenge von einem Coulomb entspricht, die pro Sekunde durch einen Querschnitt des Leiters fließt:

$$I = Q/T$$

wobei I der elektrische Strom, Q die Ladungsmenge in Coulomb und t die Zeit in Sekunden ist.

In einem metallischen Leiter wie Kupfer oder Aluminium bewegen sich die Elektronen durch das Gitter der Metallatome. Diese Bewegung wird durch eine elektrische Spannung verursacht, die wie eine „Treibkraft" wirkt und die Elektronen in Bewegung setzt. Die Geschwindigkeit der Elektronen ist dabei relativ gering; dennoch breitet sich der Effekt eines Stromflusses nahezu mit Lichtgeschwindigkeit aus, da die elektrische Energie durch das gesamte Material übertragen wird.

Elektrizität

Elektrizität ist nichts anderes als die Bewegung von Ladungsträgern, die durch eine elektrische Spannung angeregt wird. In metallischen Leitern wie Drähten sind die freien Elektronen die Hauptladungsträger. In anderen Materialien, wie Halbleitern, können sowohl Elektronen als auch „Löcher" (fehlende Elektronen) als Ladungsträger fungieren. In Flüssigkeiten oder Gasen treten häufig Ionen als Ladungsträger auf.

Die Bewegung der Ladungsträger erfolgt in der Regel in die Richtung, die durch das elektrische Feld vorgegeben ist. Interessanterweise bewegen sich die Elektronen im Leiter entgegen der technischen Stromrichtung. Die technische Stromrichtung wurde historisch so definiert, dass sie von der positiven zur negativen Polung fließt – bevor bekannt war, dass Elektronen negativ geladen sind. Die Stärke der Elektrizität hängt sowohl von der Anzahl der sich bewegenden Ladungsträger als auch von ihrer Geschwindigkeit ab. Diese Konzepte sind entscheidend, um elektrische Energie effizient zu transportieren und zu nutzen.

SPANNUNG UND STROMSTÄRKE

Die Begriffe **Spannung** und **Stromstärke** gehören zu den grundlegenden Konzepten der Elektrotechnik und beschreiben wesentliche Eigenschaften elektrischer Systeme. Sie stehen in enger Beziehung zueinander, die durch das Ohmsche Gesetz beschrieben wird und bestimmen maßgeblich das Verhalten elektrischer Schaltungen. In diesem Kapitel wird die Spannung als eine Art „elektrischer Druck", die Stromstärke als Maß für den Ladungsfluss und die Beziehung zwischen diesen beiden Größen untersucht, die durch das Ohmsche Gesetz beschrieben werden.

Die elektrische Spannung

Die **elektrische Spannung**, oft mit dem Symbol U oder V bezeichnet, beschreibt den Unterschied im elektrischen Potenzial zwischen zwei Punkten eines Stromkreises. Sie wirkt als eine Art „elektrischer Druck", der Ladungsträger – in der Regel Elektronen – durch einen Leiter bewegt.

Um dieses Konzept zu veranschaulichen, kann ein Wassersystem herangezogen werden:

> Stellen Sie sich ein Rohrsystem vor, in dem Wasser fließt. Die Spannung entspricht dabei dem Druckunterschied zwischen zwei Punkten im Rohr. Ein größerer Druckunterschied führt zu einem stärkeren Fluss des Wassers, genauso wie eine höhere Spannung einen stärkeren Stromfluss im Leiter bewirkt.

Die Spannung wird in Volt (V) gemessen. Ein Volt entspricht der Energie von einem Joule, die benötigt wird, um eine elektrische Ladung von einem Coulomb durch ein elektrisches Feld zu bewegen.

$$1V = 1\,\frac{J}{C}$$

In der Praxis wird die Spannung durch Geräte wie Batterien, Generatoren oder Netzteile erzeugt. Sie schaffen einen Unterschied im elektrischen Potenzial zwischen zwei Punkten, der die Elektronen in Bewegung setzt und elektrische Energie bereitstellt. Die Beziehung zwischen Spannung und Stromstärke wird durch das Ohmsche Gesetz beschrieben. Dieses grundlegende Gesetz der Elektrotechnik lautet:

$$U = R \times I$$

wobei U die Spannung in Volt ist, R der Widerstand in Ohm (Ω) ist und I die Stromstärke in Ampere ist.

Das Ohmsche Gesetz zeigt, dass die Stromstärke in einem elektrischen Stromkreis direkt proportional zur Spannung und umgekehrt proportional zum Widerstand ist. Das bedeutet:

- Bei konstantem Widerstand führt eine Erhöhung der Spannung zu einer Erhöhung der Stromstärke.
- Ebenso führt eine Verringerung der Spannung zu einem geringeren Stromfluss.
- Eine Erhöhung des Widerstands hingegen verringert den Stromfluss bei gleichbleibender Spannung.

Diese Beziehung ist entscheidend, um elektrische Schaltungen zu analysieren. Sie hilft, die Leistung und den Energieverbrauch zu berechnen und macht verständlich, wie verschiedene Bauelemente eines Stromkreises zusammenarbeiten.

Das Verständnis der Beziehung zwischen Spannung und Stromstärke ist für zahlreiche technische Anwendungen unverzichtbar. Beispielsweise:

- **Energieverbrauch**: In Haushaltsgeräten wird durch die Spannung der Stromfluss gesteuert, der die benötigte Energie bereitstellt. Ein höherer Stromfluss bedeutet in der Regel mehr Energieverbrauch.
- **Schaltungsdesign**: Das richtige Verhältnis von Spannung, Stromstärke und Widerstand ist entscheidend, um elektrische Geräte effizient und sicher zu betreiben.
- **Fehlersuche**: Das Messen von Spannung und Stromstärke hilft, Fehler in elektrischen Systemen zu diagnostizieren und zu beheben.

Widerstand und Ohmsches Gesetz

Widerstand ist einer der wichtigsten Begriffe im Bereich der Elektrizität. Der Ohmsche Widerstand wurde im Jahr 1826 durch den Physiker Georg Simon Ohm entdeckt.

Georg Simon Ohm
Georg Simon Ohm war ein deutscher Physiker, der vom 16. März 1789 bis zum 6. Juli 1854 lebte. Er ist am bekanntesten für das nach ihm benannte Ohmsche Gesetz, welches die Beziehung zwischen Spannung, Stromstärke und Widerstand in einem elektrischen Schaltkreis beschreibt. Ohm widmete sich im Rahmen seiner Forschung Zeit seines Lebens vorwiegend dem Bereich der Elektrizität. Er veröffentlichte seine wichtigsten Entdeckungen 1827 und trug damit maßgeblich zur Entwicklung der Elektrotechnik bei. Seine Arbeit legte den Grundstein für das Verständnis elektrischer Schaltkreise und war von großer Bedeutung für die weitere Forschung und Anwendung von Elektrizität.

Das Gesetz besagt, dass der elektrische Strom (I) durch einen Leiter direkt proportional zur angelegten Spannung (U) und umgekehrt proportional zum elektrischen Widerstand (R) ist – in der Physik ausgedrückt durch die Formel:

$$I = U/R$$

Wenn die Spannung an einem Leiter erhöht wird, dann scheint es heutzutage für die meisten Menschen logisch, dass auch die Stromstärke steigt – d.h. die Anzahl der Elektronen, die pro Zeiteinheit durch den Leiter fließen. Zu Zeiten Ohms war allerdings das physikalische Verständnis der Elektrizität noch nicht so weit vorangeschritten – so war beispielsweise noch nicht mal das Elektron entdeckt. Zudem waren Spannungs- und Strommessgeräte deutlich weniger exakt als heute. Das erschwerte den Nachweis des Ohmschen Gesetzes erheblich. Georg Ohm gelang es letzten Endes nur, indem er eigene Instrumente entwickelte.

In elektrischen Schaltkreisen ist der Widerstand eine Eigenschaft, die den Fluss von elektrischem Strom begrenzt. Er wird in **Ohm (Ω)** gemessen und ist abhängig von Faktoren wie Material, Länge, Querschnittsfläche und Temperatur des Leiters. Der Widerstand bewirkt, dass bei Anlegen einer Spannung an einen elektrischen Leiter weniger Strom fließt. Je höher der Widerstand, desto geringer ist der Stromfluss. Der Widerstand kann durch spezielle Bauteile kontrolliert werden und ist ein wichtiger Bestandteil bei der Gestaltung und Analyse von elektrischen Schaltkreisen.

Das Ohmsche Gesetz wird überwiegend in einfachen Schaltkreisen angewendet, um die Beziehung zwischen Spannung, Stromstärke und Widerstand zu verstehen und zu berechnen. Mit der zuvor genannten Formel können Spannung, Stromstärke und Widerstand berechnet werden, sofern jeweils zwei der drei Größen bekannt sind. Dafür muss die Formel nur entsprechend umgestellt werden:

Beispiel Nr. 1 - Berechnung der Spannung:
Wenn die Stromstärke (I) und der Widerstand (R) in einem Schaltkreis bekannt sind, kann die Spannung (U) mithilfe des Ohmschen Gesetzes berechnet werden: U = I x R.

Beispiel Nr. 2 - Berechnung der Stromstärke:
Sind die Spannung (U) und der Widerstand (R) bekannt, kann die Stromstärke (I) mithilfe des Ohmschen Gesetzes wie folgt berechnet werden: I = U / R.

Beispiel Nr. 3 - Berechnung des Widerstands:
Wenn die Spannung (U) und die Stromstärke (I) bekannt sind, kann der Widerstand (R) mithilfe des Ohmschen Gesetzes auf diese Art berechnet werden: R = U / I.

Diese Anwendungen des Ohmschen Gesetzes ermöglichen es, verschiedene Größen in einem elektrischen Schaltkreis zu berechnen und helfen dabei zu verstehen, wie sich Änderungen in einer Größe auf die anderen auswirken. Das Ohmsche Gesetz ist ein grundlegendes Konzept in der Elektrotechnik und wird für die Analyse und Konzipierung von elektrischen Schaltungen verwendet.

Energie und Leistung in elektrischen Schaltkreisen

Energie und Leistung spielen eine zentrale Rolle in der Elektrotechnik und bilden die Grundlage für das Verständnis und die Analyse elektrischer Schaltungen. Sie beschreiben, wie elektrische Energie erzeugt, transportiert, genutzt und in Arbeit oder Wärme umgewandelt wird. In diesem Kapitel erfahren Sie, welche Bedeutung die elektrische Energie hat, wie die Leistung als Energiefluss pro Zeiteinheit definiert wird und wie Sie elektrische Leistung und Energieverbrauch berechnen können.

Die elektrische Energie ist eine der vielseitigsten Energieformen, die zur Verfügung stehen. Sie kann einfach erzeugt, über große Entfernungen transportiert und in zahlreiche andere Energieformen umgewandelt werden, wie etwa mechanische Arbeit, Wärme oder Licht.

Elektrische Energie entsteht, wenn Ladungsträger – meist Elektronen – durch ein elektrisches Feld bewegt werden. Die Energie hängt dabei von der Spannung und der Menge der transportierten Ladung ab. Sie wird in der Einheit Joule (J) gemessen, wobei ein Joule der Energie entspricht, die benötigt wird, um eine Ladung von einem Coulomb durch eine Spannung von einem Volt zu bewegen:

$$E = U \times Q$$

wobei *E* die elektrische Energie in Joule, *U* die Spannung in Volt und *Q* die transportierte Ladung in Coulomb ist.

Elektrische Energie ist in nahezu allen Bereichen des modernen Lebens unverzichtbar. Sie treibt Maschinen an, beleuchtet unsere Städte und ermöglicht den Betrieb unzähliger elektronischer Geräte. Ihre effiziente Nutzung ist daher sowohl wirtschaftlich als auch ökologisch von großer Bedeutung.

Die elektrische Leistung ist ein Maß dafür, wie schnell elektrische Energie in einem System übertragen oder verbraucht wird. Sie gibt an, wie viel Energie pro Zeiteinheit umgesetzt wird, und wird in **Watt (W)** gemessen. Ein Watt entspricht einem Joule pro Sekunde:

$$P = \frac{E}{t}$$

wobei *P* die Leistung in Watt, *E* die Energie in Joule und *t* die Zeit in Sekunden ist.

In elektrischen Schaltkreisen lässt sich die Leistung auch durch die Spannung *U* und die Stromstärke *I* ausdrücken:

$$P = U \times I$$

Diese Beziehung verdeutlicht, dass die Leistung umso größer ist, je höher die angelegte Spannung oder die fließende Stromstärke ist. Für Verbraucher, die einen Widerstand *R* besitzen, kann die Leistung auch mit Hilfe des Ohm'schen Gesetzes berechnet werden:

$$P = I^2 \times R \ oder \ P = \frac{U^2}{R}$$

Die elektrische Leistung spielt in der Praxis eine entscheidende Rolle, da sie direkt angibt, wie viel Energie ein Gerät pro Zeiteinheit benötigt oder abgibt. Beispielsweise benötigt eine Glühbirne mit einer Leistung von 60 Watt mehr Energie pro Sekunde als eine LED-Lampe mit nur 10 Watt.

Um den Energieverbrauch und die Kosten elektrischer Geräte zu verstehen, ist es wichtig, sowohl die Leistung als auch die Betriebszeit zu berücksichtigen. Der Energieverbrauch wird oft in **Kilowattstunden (kWh)** angegeben, wobei 1 kWh der Energie entspricht, die ein Gerät mit einer Leistung von 1 Kilowatt (1000 Watt) in einer Stunde verbraucht.

Der Energieverbrauch *E* lässt sich berechnen mit:

$$E = P \times t$$

wobei *E* der Energieverbrauch in Kilowattstunden, *P* die Leistung in Kilowatt und *t* die Zeit in Stunden ist.

Ein praktisches Beispiel:
Ein Elektrogerät mit einer Leistung von 2 Kilowatt, das 3 Stunden betrieben wird, hat einen Energieverbrauch von:

$$E = 2kW \times 3h = 6kWh$$

Um die Kosten für diesen Verbrauch zu ermitteln, multiplizieren Sie die verbrauchte Energie mit dem Preis pro Kilowattstunde, den Ihr Energieversorger berechnet. Wenn der Preis beispielsweise 30 Cent pro kWh beträgt, ergeben sich Kosten von:

$$Kosten = 6kWh \times 0{,}30 \frac{Euro}{kWh} = 1{,}80\ Euro$$

Testen Sie nun Ihr Wissen:

1. Was ist eine elektrische Ladung?

a) Die Geschwindigkeit des Stromflusses

b) Eine physikalische Eigenschaft von Teilchen, die elektrische Felder erzeugt

c) Die Wärme, die durch Strom erzeugt wird

d) Ein Bauteil in elektrischen Schaltkreisen

2. Welche Teilchen tragen in einem Leiter die elektrische Ladung?

a) Protonen

b) Elektronen

c) Neutronen

d) Ionen

3. Wie wird elektrischer Strom definiert?

a) Als die Menge der Ladung, die in einer Sekunde durch einen Leiter fließt

b) Als der Widerstand, der in einem Leiter auftritt

c) Als die Spannung, die zwischen zwei Punkten besteht

d) Als die Geschwindigkeit, mit der Elektronen durch einen Leiter fließen

4. Welche Einheit wird zur Messung der elektrischen Spannung verwendet?

a) Watt

b) Ohm

c) Ampere

d) Volt

5. Wie verhält sich die Stromstärke, wenn die Spannung in einem Stromkreis erhöht wird, der Widerstand jedoch konstant bleibt?

a) Sie bleibt gleich

b) Sie nimmt ab

c) Sie steigt an

d) Sie wird unmessbar

6. Was ist der Unterschied zwischen elektrischer Spannung und Stromstärke?

a) Spannung beschreibt die Menge der fließenden Elektronen, Stromstärke den Druck des Flusses

b) Spannung ist die treibende Kraft des Stromflusses, Stromstärke die Menge der fließenden Ladung

c) Beide Begriffe sind Synonyme und bedeuten dasselbe

d) Spannung wird in Ampere gemessen, Stromstärke in Volt

7. Wie lautet die Formel des Ohm'schen Gesetzes?

a) $R=U \cdot I$

b) $U=R \cdot I$

c) $I=U+R$

d) $R=U/P$

8. Welche Einheit wird zur Messung des elektrischen Widerstands verwendet?

a) Ohm

b) Volt

c) Ampere

d) Watt

9. Was passiert mit dem Widerstand eines Drahtes, wenn dessen Länge verdoppelt wird?

a) Der Widerstand halbiert sich

b) Der Widerstand bleibt gleich

c) Der Widerstand verdoppelt sich

d) Der Widerstand verringert sich exponentiell

10. Was beschreibt die elektrische Leistung?

a) Die Energie, die pro Sekunde in einem Stromkreis umgesetzt wird

b) Die Anzahl der Elektronen in einem Leiter

c) Die Spannung zwischen zwei Punkten in einem Stromkreis

d) Den Widerstand, den ein Bauteil bietet

11. Wie lautet die Formel zur Berechnung der elektrischen Leistung?

a) P=U·R

b) P=U·I

c) P=R·I

d) P=U/R

12. Welche Einheit wird zur Messung der elektrischen Energie verwendet?

a) Watt

b) Joule

c) Volt

d) Ampere

Lösungen

1: b); 2: b); 3: a); 4: d); 5: c); 6: b); 7: b); 8: a); 9: c); 10: a); 11: b); 12: b)

Kapitel 3: Elektrische Schaltkreise und Komponenten

Von Schaltkreisen und Komponenten haben Sie sicherlich schon einmal im Schulunterricht gehört. Viele Menschen erinnern sich an unangenehme Physikstunden, in denen sie sich mit kniffligen Fragen der Elektrizität befassen mussten. Andere wiederum erinnern sich an spannende Experimente, in denen kleine Schaltkreise gebastelt wurden. In diesem Kapitel befassen Sie sich ebenfalls ausführlich mit dieser wichtigen Grundlage. Um Elektrizität zu verstehen, ist das Wissen über Schaltkreise wichtig. Doch keine Sorge, dieses Kapitel soll Sie nicht allzu sehr an die Schulzeit erinnern. Sie erhalten tiefgehende Informationen rund um Schaltkreise und lernen noch einmal, wie das alles überhaupt funktioniert.

Aufbau und Funktion von elektrischen Schaltkreisen

Elektrische Schaltkreise sind systematische Anordnungen von elektrischen Bauteilen, die so miteinander verbunden sind, dass sie einen geschlossenen Strompfad bilden. Diese Anordnung ermöglicht es, elektrische Energie von einer Energiequelle, wie einer Batterie oder einem Generator, zu den Verbrauchern, wie Lampen, Motoren oder anderen elektrischen Geräten, zu leiten. Der grundlegende Zweck eines elektrischen Schaltkreises besteht darin, elektrische Energie so zu steuern, dass sie kontrolliert durch verschiedene Komponenten fließt und deren Funktionen erfüllt werden.

Beispiel aus dem Alltag:
Stellen Sie sich vor, Sie drücken den Lichtschalter in Ihrem Zimmer. Die elektrische Energie aus der Steckdose wird in diesem Moment in Lichtenergie umgewandelt. Die Lampe leuchtet. Ohne diesen Umwandlungsprozess würde der Strom keinen praktischen Zweck erfüllen.

Ein elektrischer Schaltkreis kann in zwei Haupttypen eingeteilt werden: den **Reihenschaltkreis** und den **Parallelschaltkreis**. In einem **Reihenschaltkreis** sind die Komponenten hintereinander geschaltet, sodass der Strom nacheinander durch jede Komponente fließt. Diese Anordnung hat den Vorteil, dass der Strom durch alle Elemente konstant ist, jedoch führt ein Ausfall einer Komponente dazu, dass der gesamte Stromkreis unterbrochen wird.

Beispiel:
Eine Lichterkette, bei der alle Lampen in Reihe geschaltet sind. Wenn eine Lampe ausfällt, erlischt die gesamte Kette.

In einem Parallelschaltkreis hingegen sind die Komponenten nebeneinander geschaltet, wodurch der Strom aufgeteilt wird und jeder Verbraucher unabhängig funktioniert. Dies bedeutet, dass der Ausfall eines Teils den Stromfluss in den anderen Teilen nicht beeinflusst.

Beispiel:
Die elektrische Verkabelung in einem Haushalt, bei der Lampen und Steckdosen parallel geschaltet sind. Selbst wenn eine Lampe ausfällt, funktionieren die anderen Geräte weiterhin.

Hauptbestandteile eines elektrischen Schaltkreises

Ein elektrischer Schaltkreis besteht aus mehreren wesentlichen Komponenten, die jeweils spezifische Funktionen erfüllen:

- **Stromquelle:** Diese liefert die elektrische Energie, die erforderlich ist, um den elektrischen Strom durch den Schaltkreis zu treiben. Typische Beispiele dafür sind Batterien, Akkus oder Netzgeräte.
- **Leiter**: Diese führen den elektrischen Strom von der Quelle zu den verschiedenen Bauteilen des Kreises. Meistens werden Kupfer- oder Aluminiumdrähte verwendet, da diese Materialien eine hohe Leitfähigkeit aufweisen und den Stromfluss effizient ermöglichen.
- **Schalter**: Ein Schalter kontrolliert den Stromfluss im Schaltkreis, indem er entweder den Stromkreis schließt oder öffnet. Durch das Betätigen eines Schalters kann der Stromfluss aktiviert oder unterbrochen werden, wodurch eine Steuerung und Anpassung des Schaltkreises möglich ist.
- **Verbraucher**: Diese Bauteile wandeln die elektrische Energie in andere Energieformen um, wie Licht, Wärme oder mechanische Bewegung. Beispiele für Verbraucher sind Lampen, Heizgeräte, Motoren und elektronische Geräte.
- **Widerstände**: Widerstände begrenzen den elektrischen Strom und stellen sicher, dass die Bauteile nicht durch zu hohen Strom beschädigt werden. Sie sind entscheidend für die Regulierung der Stromstärke in einem Schaltkreis.
- **Kondensatoren und Induktivitäten**: Diese Bauteile haben spezifische Funktionen zur Energiespeicherung und Beeinflussung des Stromflusses. Kondensatoren speichern elektrische Energie in Form eines elektrischen Feldes,

während Induktivitäten magnetische Felder erzeugen, die eine Veränderung des Stromflusses widerspiegeln.

Funktionsweise eines elektrischen Schalters

Der elektrische Strom in einem Schaltkreis fließt von der Stromquelle aus durch die Leiter zu den verschiedenen Bauteilen. Wenn der Stromkreis geschlossen ist, erzeugt die Energiequelle eine Spannung, die die Elektronen in Bewegung versetzt. Diese Bewegung der Elektronen bildet den elektrischen Strom, der durch die Komponenten fließt und dabei Arbeit verrichtet – beispielsweise indem er eine Lampe zum Leuchten bringt oder einen Motor antreibt.

Die Spannung (gemessen in Volt) ist der Antrieb, der die Elektronen in Bewegung versetzt, während der Strom (gemessen in Ampere) die Menge der bewegten Elektronen pro Zeiteinheit beschreibt. Der Widerstand (gemessen in Ohm) ist eine Eigenschaft der Komponenten, die den Stromfluss hemmt und kontrolliert. In einem Schaltkreis kann die Leistung, die durch einen Verbraucher bereitgestellt wird, durch die Formel $P=U\,I$ berechnet werden, wobei P die Leistung in Watt, U die Spannung in Volt und I der Strom in Ampere ist. Diese Formel zeigt auf, wie effizient elektrische Energie in eine andere Energieform umgesetzt wird.

Die Funktionsweise eines elektrischen Schaltkreises ist eng mit den grundlegenden physikalischen Prinzipien wie dem **Ohm'schen Gesetz** verbunden. Dieses Gesetz beschreibt den Zusammenhang zwischen Spannung, Strom und Widerstand: $U=I\,R$. Damit kann die Größe des Stroms in einem Schaltkreis berechnet werden, wenn die Spannung und der Widerstand bekannt sind.

Beispiel zur Vertiefung des Inhalts:
Stellen Sie sich vor, Sie haben die Absicht, ein Modellauto zu steuern. Sie schließen eine Batterie (Stromquelle) an den Motor des Autos an. Dabei sitzt der Schalter zwischen der Batterie und dem Motor Ihres Modellautos. Wird der Schalter durch Betätigung geschlossen, kann der Strom von der Batterie zum Motor fließen. Das Ergebnis: Das Auto kann losfahren. Der Motor wandelt dann die elektrische Energie in mechanische Bewegung um, indem es sich fortbewegt.

Betätigen Sie den Schalter erneut, öffnen Sie damit den Stromkreis. Der Strom kann nicht mehr fließen und das Auto kommt zum Stillstand. Kennen Sie nun die Spannung, den Strom und den Widerstand, können Sie diese Faktoren auf der Basis des Ohm'schen Gesetzes berechnen. Hieraus ergibt sich dann die Effizienz des Motors.

Sicherheitsaspekte und Schutzmaßnahmen

Bei der Arbeit mit elektrischen Schaltkreisen ist die Sicherheit oberstes Gebot. Kurzschlüsse, Überlastungen und unsachgemäße Verkabelung können zu gefährlichen Situationen führen, darunter Stromschläge oder Brände. Um diese Gefahren zu vermeiden, werden Schutzmaßnahmen wie Sicherungen und Schutzschalter verwendet. Diese Geräte unterbrechen den Stromfluss, wenn eine zu hohe Stromstärke festgestellt wird, um die elektrischen Komponenten und Benutzer zu schützen.

Schaltplansymbole und Schaltungsdesign

Schaltpläne sind grafische Darstellungen eines elektrischen Schaltkreises. Sie dienen als Werkzeug, um den Aufbau, die Funktion und die Verbindungen der Bauteile zu visualisieren und zu dokumentieren.

In einem Schaltplan werden standardisierte Symbole verwendet, um die verschiedenen elektrischen und elektronischen Bauteile darzustellen. Einige häufig verwendete Symbole sind:

- **Leiter**: Einfache gerade Linien, welche die Verbindungen zwischen den Bauteilen zeigen.
- **Schalter**: Ein Symbol, das den Zustand des Schalters darstellt (offen oder geschlossen).
- **Batterie**: Ein Paar von parallelen Linien, welche die positive und negative Seite einer Energiequelle repräsentieren.
- **Widerstand**: Ein zickzackförmiges Symbol, welches den Widerstand darstellt.
- **Kondensator**: Zwei parallele Linien, welche die Kapazität des Bauteils symbolisieren.
- **Lampe**: Ein Kreis mit einem Kreuz in der Mitte.

Diese Symbole sind international standardisiert, um die Kommunikation und das Verständnis von Schaltplänen zu erleichtern.

Name	Symbol	Name	Symbol
Zelle	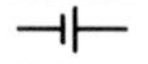	Leiter	
Batterie	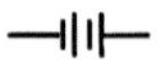	Gleichstrom/DC	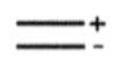
Draht		Wechseldtrocm/AC	
Schalter		Sicherung	
Widerstand		Stecker	
Amperemeter	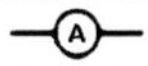	Spule	
Voltmeter		Ballast	
Lampe		Generator	
Erdung		Motor	
Diode	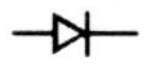	Starter	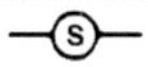
Transformator	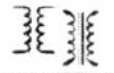	Last	
Lampe	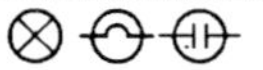	Ohmmeter	

Das Design eines elektrischen Schaltkreises umfasst mehrere Schritte. Zunächst erfolgt die Definition der Anforderungen, bei der geklärt wird, welche Funktionen der Schaltkreis erfüllen soll. Anschließend werden die Bauteile ausgewählt, wobei die geeigneten Komponenten basierend auf den Anforderungen an Spannung, Strom und Funktionalität ermittelt werden. Daraufhin wird ein präziser Schaltplan erstellt, der alle Komponenten und deren Verbindungen zeigt. Im nächsten Schritt wird der Schaltkreis mithilfe von Simulationssoftware überprüft, um mögliche Fehler zu vermeiden. Schließlich erfolgt der Aufbau und Test des Schaltkreises, bei dem die physische Umsetzung sowie die Prüfung der Funktionalität stattfinden. Ein gut gestalteter Schaltkreis berücksichtigt dabei nicht nur die elektrischen Eigenschaften, sondern auch Sicherheitsaspekte wie den Schutz vor Kurzschlüssen oder Überspannungen.

Passive Bauelemente: Widerstände, Kondensatoren und Spulen

Passive Bauelemente sind unverzichtbare Bestandteile elektrischer und elektronischer Schaltungen. Sie benötigen keine externe Energiequelle, um zu funktionieren, und beeinflussen elektrische Signale durch ihre grundlegenden physikalischen Eigenschaften: Widerstand, Kapazität und Induktivität. Diese Eigenschaften erlauben es, elektrische Energie zu steuern, zu speichern oder umzuwandeln und ermöglichen so den Betrieb komplexer Systeme. Im Folgenden werden die Funktionen und Besonderheiten von Widerständen, Kondensatoren und Spulen detailliert beschrieben.

Definition Induktivität:
Induktivität beschreibt die Fähigkeit eines elektrischen Leiters, ein Magnetfeld zu erzeugen, wenn Strom durch ihn fließt, und dabei eine Spannung zu induzieren, die sich Änderungen im Stromfluss entgegenstellt. Sie wird in der Einheit Henry (H) gemessen und ist eine wichtige Eigenschaft von Spulen. Ein Beispiel für Induktivität ist die Selbstinduktion, bei der eine Spule durch ihren eigenen Stromfluss eine Gegenspannung erzeugt.

Widerstände und ihre Werte

Widerstände sind elektrische Bauelemente, die den Stromfluss in einer Schaltung begrenzen oder kontrollieren. Sie basieren auf dem Prinzip, dass bestimmte Materialien den Durchfluss elektrischer Ladungen hemmen. Diese Hemmung wird als Widerstand bezeichnet und in Ohm (Ω) gemessen. Widerstände wandeln elektrische Energie in Wärme um und schützen andere Bauelemente vor Überstrom.

Beispiel:
Stellen Sie sich einen Wasserhahn vor, der den Wasserfluss in einem Rohr reguliert. Wenn der Hahn halb geöffnet ist, fließt weniger Wasser durch das Rohr. Ein Widerstand funktioniert ähnlich – er begrenzt die Menge an elektrischem Strom, die durch eine Leitung fließt. Wenn Sie zum Beispiel eine LED an eine Batterie anschließen, kann die LED durch zu viel Strom beschädigt werden. Ein Widerstand in der Schaltung sorgt dafür, dass nur so viel Strom fließt, wie die LED verträgt. Dadurch bleibt die LED geschützt und funktioniert einwandfrei.

Die Beziehung zwischen Spannung, Strom und Widerstand wird durch das Ohm'sche Gesetz beschrieben: Die Spannung über einem Widerstand ist gleich dem Produkt aus Strom und Widerstand. Dies macht den Widerstand zu einem entscheidenden Element in der Stromsteuerung.

Widerstände sind in unterschiedlichen Bauformen und mit spezifischen Eigenschaften erhältlich. Festwiderstände besitzen einen festen Wert, der sich nicht ändert, während variable Widerstände, wie Potentiometer, die Anpassung des Widerstandswertes ermöglichen. Materialien wie Kohle oder Metalllegierungen beeinflussen die Eigenschaften des Widerstands, einschließlich seiner Temperaturabhängigkeit. Der Widerstandswert eines Bauteils wird häufig durch farbcodierte Ringe auf dessen Gehäuse angegeben, was eine schnelle Identifikation ermöglicht. Diese Farbringe folgen einem genormten

Code: Der erste und der zweite Ring geben die ersten beiden Ziffern des Wertes an. Der dritte Ring steht für den Multiplikator, also die Anzahl der Nullen, und der vierte Ring zeigt die Toleranz an (zum Beispiel ± 5%).

Beispiel:
Steht ein brauner, schwarzer und roter Ring für 1, 0 und einen Multiplikator von 10^2, was 1.000 Ω (oder 1 kΩ) ergibt. Ein zusätzlicher goldener oder silberner Ring gibt die Toleranz an, also wie genau der angegebene Wert ist.

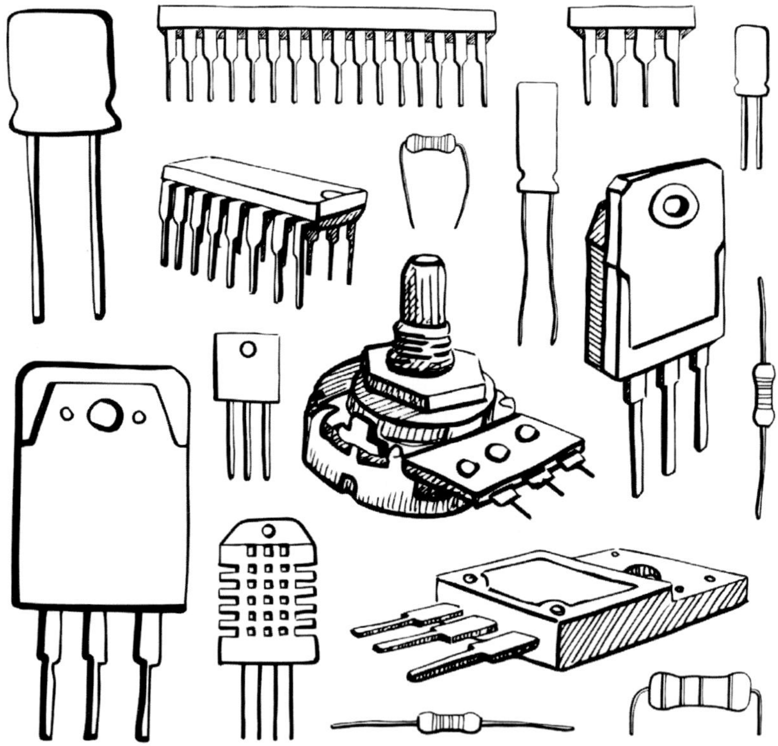

Kondensatoren als Ladungsspeicher

Kondensatoren sind passive Bauelemente, die elektrische Energie speichern und bei Bedarf abgeben können. Sie bestehen aus zwei leitenden Platten, die durch ein isolierendes Material, das sogenannte Dielektrikum, voneinander getrennt sind. Wird eine Spannung an die Platten angelegt, lädt sich der Kondensator auf, indem elektrische Ladung an den Platten gespeichert wird.

Die Kapazität eines Kondensators, gemessen in Farad (F), gibt an, wie viel Ladung bei einer bestimmten Spannung gespeichert werden kann. Diese Kapazität hängt von der Fläche der Platten, ihrem Abstand und der Dielektrizitätskonstante des verwendeten Materials ab.

Kondensatoren haben vielfältige Einsatzmöglichkeiten. In Stromversorgungsschaltungen glätten sie Spannungsschwankungen und stabilisieren die Energieversorgung. In Hochfrequenzanwendungen filtern sie Störungen und ermöglichen die Signalübertragung. Darüber hinaus werden sie in Schaltungen zur Energiezwischenspeicherung, wie in Blitzgeräten, verwendet.

Die Bauformen von Kondensatoren reichen von kleinen keramischen Kondensatoren für Hochfrequenzanwendungen bis hin zu großen Elektrolytkondensatoren mit hoher Kapazität für Energiespeicherung. Ihre spezifischen Eigenschaften machen sie zu unverzichtbaren Elementen in nahezu jeder elektronischen Schaltung.

Spulen und ihre Induktivität

Spulen, auch Induktivitäten genannt, sind Bauelemente, die Energie in Form eines magnetischen Feldes speichern können. Sie bestehen aus einem Draht, der in einer Spirale gewickelt ist. Wenn ein elektrischer Strom durch die Spule fließt, entsteht ein Magnetfeld. Dieses Magnetfeld hat die Eigenschaft, sich Änderungen im Stromfluss entgegenzustellen, was als Induktivität bezeichnet wird.

Die Induktivität einer Spule, gemessen in Henry (H), hängt von der Anzahl der Wicklungen, der Länge der Spule und dem Kernmaterial ab. Spulen können sowohl zur Energiespeicherung als auch zur Signalbeeinflussung eingesetzt werden.

Eine der Hauptanwendungen von Spulen ist die Energieübertragung. In Transformatoren beispielsweise ermöglichen sie die Umwandlung von Spannungswerten und die effiziente Übertragung elektrischer Energie. In Filterschaltungen blockieren Spulen hochfrequente Störungen, während sie niederfrequente Signale ungehindert passieren lassen. In Kombination mit Kondensatoren werden sie verwendet, um Resonanzkreise zu bilden, die in Radio- und Fernsehtechnologien eine entscheidende Rolle spielen.

Spulen sind in verschiedenen Bauweisen erhältlich. Luftkernspulen werden häufig in Hochfrequenzanwendungen eingesetzt, während Eisenkernspulen für Anwendungen mit hohen Strömen geeignet sind. Toroidspulen, die auf einem ringförmigen Kern gewickelt sind, minimieren elektromagnetische Störungen und verbessern die Effizienz.

Beispiel:
Ein einfaches Beispiel für Spulen ist die Verwendung in Lautsprechern. Hier wird die Spule durch den Wechselstrom in einem Magnetfeld bewegt und bringt die Membran des Lautsprechers in Schwingung, wodurch Schallwellen erzeugt werden.

AKTIVE BAUELEMENTE: DIODEN UND TRANSISTOREN

Aktive Bauelemente spielen eine zentrale Rolle in der modernen Elektronik (Mobilfunk, WLAN, Prozessoren, Speicher, Verstärker, ...). Im Gegensatz zu passiven Bauelementen können aktive Bauteile elektrische Signale verstärken, schalten oder modulieren (ein Signal wird verändert, um eine bestimmte Information zu übertragen). Dioden und Transistoren gehören zu den häufigsten aktiven Komponenten und sind unverzichtbar in praktisch jeder elektronischen Schaltung.

Definition:
Dioden sind elektronische Bauelemente, die den Strom nur in eine Richtung fließen lassen und in die andere Richtung blockieren. Sie werden verwendet, um Wechselstrom in Gleichstrom umzuwandeln, was als Gleichrichtung bezeichnet wird. Eine häufige Anwendung ist die Verwendung von Dioden in Ladegeräten oder Netzteilen. Dioden bestehen aus Materialien wie Silizium und sind in vielen Geräten, wie LEDs, zu finden.

Transistoren sind elektronische Bauelemente, die als Schalter oder Verstärker für elektrische Signale fungieren. Sie können den Stromfluss kontrollieren und ermöglichen die Verarbeitung von Signalen in Geräten wie Computern und Smartphones. Transistoren bestehen aus Halbleitermaterialien wie Silizium und haben drei Anschlüsse: Basis, Kollektor und Emitter. Durch eine geringe Spannung an der Basis kann der Strom zwischen Kollektor und Emitter gesteuert werden, wodurch sie eine zentrale Rolle in der digitalen Elektronik spielen.

Ihr Betrieb basiert auf den Eigenschaften von Halbleitermaterialien, die es ermöglichen, elektrische Energie gezielt zu steuern.

Grundlagen von Halbleitermaterialien

Halbleitermaterialien sind Stoffe, die in ihrer elektrischen Leitfähigkeit zwischen Leitern (wie Kupfer) und Nichtleitern (wie Glas) liegen. Sie können unter bestimmten Bedingungen Strom leiten, während sie unter anderen Bedingungen als Isolatoren wirken.

Halbleitermaterialien wie Silizium und Germanium sind die Grundlagen für viele elektronische Bauteile, wie Transistoren und Dioden. Das Besondere an diesen Materialien ist, dass ihre Fähigkeit, elektrischen Strom zu leiten, verändert werden kann. Dies geschieht durch eine Methode namens Dotierung, bei der bestimmte Stoffe hinzugefügt werden, um ihre Eigenschaften zu verändern. So werden Halbleiter geschaffen, die entweder mehr Elektronen (n-dotiert) oder mehr „Löcher" (p-dotiert) enthalten – letzteres sind Stellen, an denen normalerweise Elektronen wären und die wie positive Ladungen wirken.

Die Grenze zwischen einem n-dotierten und einem p-dotierten Bereich wird pn-Übergang genannt. Diese Übergangszone ist der Schlüssel zur Funktionsweise vieler Bauteile in der Elektronik, denn sie ermöglicht es, Strom nur in eine Richtung fließen zu lassen (wie bei Dioden) oder Signale zu verstärken und zu schalten (wie bei Transistoren).

Funktionsweise von Dioden

Eine Diode ist ein elektronisches Bauelement, das den Stromfluss in einer Richtung ermöglicht und in der entgegengesetzten Richtung blockiert. Dies wird durch den pn-Übergang ermöglicht, der die grundlegende Struktur einer Diode darstellt.

Wenn eine Spannung an die Diode angelegt wird, wird zwischen zwei Zuständen unterschieden:

1. **Durchlassrichtung:** Wird die p-Seite positiv und die n-Seite negativ gepolt, überwindet die Spannung die Sperrschicht am pn-Übergang. Der Strom kann ungehindert fließen.

2. **Sperrrichtung:** Bei umgekehrter Polung verbreitert sich die Sperrschicht, und der Stromfluss wird unterbunden.

Beispiel:
Stellen Sie sich vor, dass der Wasserhahn geschlossen ist, sodass kein Wasser fließt – das entspricht der Sperrrichtung, in der die Diode den Strom blockiert. Wenn Sie den Wasserhahn öffnen, kann das Wasser ungehindert fließen – das ist die Durchlassrichtung, in der die Diode den Strom passieren lässt.

In der Elektronik bedeutet die Durchlassrichtung, dass die Spannung so angelegt wird, dass die Sperrschicht überwunden wird und der Strom fließen kann. In der Sperrrichtung wird die Spannung so angelegt, dass die Sperrschicht breiter wird und der Stromfluss gestoppt wird.

Dioden finden in einer Vielzahl von Anwendungen Verwendung. Sie dienen beispielsweise als Gleichrichter, um Wechselstrom in Gleichstrom umzuwandeln. Leuchtdioden (LEDs) emittieren Licht, wenn elektrischer Strom fließt, und werden in der Beleuchtungstechnik sowie in Anzeigen genutzt. Zener-Dioden sind speziell für den Betrieb in Sperrrichtung ausgelegt und ermöglichen eine präzise Spannungsregulation.

Transistoren als Schaltelemente

Transistoren sind wichtige Bauteile in der Elektronik, die als Schalter oder Verstärker funktionieren. Ein Transistor kann wie ein Wasserhahn vorgestellt werden: Er kann entweder den Fluss (Strom) erlauben oder blockieren, je nachdem, wie er gesteuert wird.

Es gibt zwei Haupttypen von Transistoren: **Bipolare Transistoren** und **Feldeffekttransistoren** (FETs).

Bipolare Transistoren haben drei Schichten aus Halbleitermaterial und drei Anschlüsse: Basis, Kollektor und Emitter. Die Basis kann sich wie ein kleiner Hebel vorgestellt werden, der den Stromfluss zwischen Kollektor und Emitter steuert. Ein Beispiel ist der npn-Transistor: Wenn eine kleine Spannung an die Basis angelegt wird, kann das einen größeren Stromfluss zwischen Kollektor und Emitter auslösen, wie wenn ein Wasserhahn leicht geöffnet wird, um einen großen Strom von Wasser durchzulassen.

Feldeffekttransistoren (FETs) arbeiten anders, indem sie den Stromfluss zwischen Drain und Source durch ein elektrisches Feld steuern. Das kann wie ein Lichtschalter vorgestellt werden, der den Stromfluss in einem Stromkreis an- oder ausschaltet. Der Vorteil von FETs ist ihre hohe Geschwindigkeit und der geringe Energieverbrauch, weshalb sie oft in digitalen Geräten wie Computern eingesetzt werden.

In Schaltungen fungieren Transistoren häufig als Schalter: Wenn sie „eingeschaltet" sind, erlauben sie den Stromfluss (Sättigungsbereich), und wenn sie „ausgeschaltet" sind, blockieren sie den Strom (Sperrbereich). Dies macht sie entscheidend für digitale Elektronik wie Prozessoren und Logikschaltungen. Ein alltägliches Beispiel für die Verstärkungsfunktion eines Transistors ist ein Mikrofon, das Töne aufnimmt und die elektrischen Signale verstärkt, um sie an Lautsprecher weiterzugeben.

ELEKTRISCHE QUELLEN UND GENERATOREN

Elektrische Quellen und Generatoren sind grundlegende Bestandteile jeder elektrischen Anlage. Sie stellen die notwendige Energie für den Betrieb von Geräten und Systemen bereit und bilden die Basis für die Stromversorgung. Je nach Anwendung kommen unterschiedliche Arten von Quellen und Generatoren zum Einsatz, die spezifische Eigenschaften und Funktionsweisen aufweisen.

Arten von elektrischen Quellen

Elektrische Quellen sind dafür verantwortlich, elektrische Energie bereitzustellen. Sie unterscheiden sich in ihrer Bauart, ihrer Kapazität und der Art der erzeugten Energie. Zu den gängigen elektrischen Quellen gehören Batterien und Netzteile.

Batterien sind tragbare elektrische Quellen, die chemische Energie in elektrische Energie umwandeln. Sie bestehen aus einer oder mehreren elektrochemischen Zellen, die durch chemische Reaktionen eine Spannung erzeugen. Batterien sind in verschiedenen Formen und Größen verfügbar, von kleinen Knopfzellen bis hin zu leistungsstarken Autobatterien. Wiederaufladbare Batterien, wie Lithium-Ionen- oder Nickel-Metallhydrid-Akkus, sind besonders vielseitig, da sie mehrfach genutzt werden können.

Netzteile stellen eine weitere Art elektrischer Quellen dar. Sie beziehen Energie aus dem Stromnetz und wandeln sie in die für elektronische Geräte erforderliche Form um. Netzteile können Gleichspannung (DC) oder Wechselspannung (AC) bereitstellen und sind in Geräten wie Laptops, Mobiltelefonen und Haushaltsgeräten weit verbreitet. Moderne Netzteile sind häufig mit Schaltreglern ausgestattet, die eine hohe Effizienz und geringe Wärmeentwicklung gewährleisten.

Spannungsquellen und Stromquellen

Elektrische Quellen werden häufig in Spannungsquellen und Stromquellen unterteilt, basierend auf der Art, wie sie elektrische Energie liefern.

Spannungsquellen halten eine konstante Spannung aufrecht, unabhängig von der entnommenen Strommenge (innerhalb ihrer Leistungsgrenzen).

Definition Leistungsgrenze:
Die **Leistungsgrenze** bezeichnet den maximalen Wert an elektrischer Leistung, den ein Bauteil oder System sicher verarbeiten oder abgeben kann, ohne dass es beschädigt wird oder seine Funktionalität verliert. Diese Grenze ist wichtig, um eine Überlastung zu vermeiden, die zu Überhitzung oder sogar zum Ausfall des Bauteils führen kann. In der Elektronik wird die Leistungsgrenze häufig in Watt (W) angegeben und hängt von Faktoren wie der Bauweise, den verwendeten Materialien und der Kühlung ab.

Ein einfaches Beispiel ist ein elektrischer Widerstand, der nur eine bestimmte Menge an Leistung aufnehmen kann, bevor er zu heiß wird und durchbrennt. Für Transistoren ist die Leistungsgrenze entscheidend, um zu verhindern, dass sie durch zu hohen Stromfluss oder hohe Spannung beschädigt werden.

Sie sind die häufigste Form elektrischer Quellen und kommen in Batterien, Netzteilen und Generatoren vor. Eine ideale Spannungsquelle hat keinen Innenwiderstand, wodurch sie die Spannung unabhängig von der Last stabil halten kann. In der Praxis besitzen reale Spannungsquellen jedoch einen geringen Innenwiderstand, der zu Spannungsabfällen führt, wenn hohe Ströme entnommen werden.

Stromquellen liefern einen konstanten Strom, unabhängig von der angeschlossenen Spannung (wiederum innerhalb bestimmter Grenzen). Sie sind in speziellen Anwendungen wie der Ladung von Batterien oder in Laborumgebungen von Bedeutung. Eine ideale Stromquelle hat einen unendlich hohen Innenwiderstand, um den Stromfluss unabhängig von der Last zu gewährleisten.

Der Unterschied zwischen diesen beiden Arten elektrischer Quellen ist entscheidend für das Design und die Analyse elektrischer Schaltungen. Während Spannungsquellen in den meisten Anwendungen dominieren, sind Stromquellen in der Elektronik für präzise Steuerungsaufgaben und für Messanwendungen unentbehrlich.

Wechselstrom- und Gleichstromgeneratoren

Generatoren sind spezielle Arten elektrischer Quellen, die mechanische Energie in elektrische Energie umwandeln. Sie basieren auf dem Prinzip der elektromagnetischen Induktion, bei der ein Magnetfeld und eine Bewegung elektrischen Strom erzeugen. Es gibt zwei Haupttypen von Generatoren: Wechselstromgeneratoren und Gleichstromgeneratoren.

Wechselstromgeneratoren (AC-Generatoren) erzeugen eine periodische Spannung, die ihre Polarität regelmäßig ändert.

Definition:

Polarität beschreibt die Eigenschaft eines elektrischen Systems oder Bauteils, unterschiedliche elektrische Pole zu haben – also eine positive und eine negative Seite. Diese Polarität bestimmt die Richtung des elektrischen Stroms, der von der positiven zur negativen Seite fließt. In der Elektrotechnik ist es wichtig, die Polarität korrekt anzuwenden, um Schäden an Bauteilen zu vermeiden oder eine richtige Funktionsweise sicherzustellen.

Ein Beispiel für Polarität ist eine Batterie: Die positive Seite (Anode) und die negative Seite (Kathode) haben unterschiedliche elektrische Potenziale. Wird ein elektrisches Gerät an eine Batterie angeschlossen, fließt der Strom vom positiven Pol zum negativen Pol. In der Elektronik ist die richtige Ausrichtung von Bauteilen wie Dioden wichtig, da diese nur in einer bestimmten Richtung (der Durchlassrichtung) Strom passieren lassen. Ein Fehler in der Polarität kann dazu führen, dass Bauteile nicht funktionieren oder sogar beschädigt werden.

Dieser Wechselstrom wird in Stromnetzen verwendet, da er sich effizienter über weite Strecken transportieren lässt. Der grundlegende Aufbau eines Wechselstromgenerators umfasst einen Rotor, der sich innerhalb eines Stators dreht. Der Rotor erzeugt ein Magnetfeld, das durch die Bewegung mit den Wicklungen des Stators interagiert und so eine Wechselspannung induziert.

Definition Stator:

Der Stator ist der unbewegliche Teil eines Elektromotors oder Generators, der die Stationärteile enthält und oft den äußeren Teil der Maschine bildet. Er ist entscheidend für die Erzeugung eines Magnetfelds, das die Bewegung des Rotors (des drehbaren Teils) ermöglicht oder unterstützt. Der Stator kann entweder durch feststehende Wicklungen oder durch permanente Magneten ein Magnetfeld erzeugen.

Ein Beispiel:
In einem Elektromotor sind die Spulen oder Magneten im Stator verantwortlich dafür, ein Magnetfeld zu erzeugen. Dieses Magnetfeld beeinflusst den Rotor, wodurch dieser in Bewegung gesetzt wird und mechanische Arbeit verrichten kann – beispielsweise in einem Ventilator oder einem Elektroauto. Der Stator ist daher ein zentraler Bestandteil für die Umwandlung von elektrischer Energie in mechanische Bewegung.

Die erzeugte Spannung kann durch die Drehzahl des Rotors und die Anzahl der Wicklungen im Stator beeinflusst werden. In Kraftwerken werden Wechselstromgeneratoren eingesetzt, um Energie aus mechanischen Quellen wie Dampf- oder Wasserkraft in elektrischen Strom umzuwandeln.

Gleichstromgeneratoren (DC-Generatoren) liefern eine konstante Spannung mit einer festen Polarität. Sie verwenden einen Kommutator, um die induzierte Wechselspannung in Gleichspannung umzuwandeln. Gleichstromgeneratoren sind in Anwendungen nützlich, bei denen eine stabile Gleichspannung erforderlich ist, wie etwa in der Elektromobilität oder in älteren elektrischen Systemen.

Definition Kommutator:
Ein **Kommutator** ist ein Bauteil in Gleichstrommotoren oder Generatoren, das den Stromfluss in den Spulen umkehrt, damit der Motor oder Generator gleichmäßig arbeiten kann. Er besteht aus leitenden Segmenten, die über Bürsten mit dem Stromkreis verbunden sind. Dadurch wird eine kontinuierliche Drehbewegung ermöglicht.

TESTEN SIE NUN IHR WISSEN

1. Was ist ein elektrischer Schaltkreis?

a) Eine mechanische Verbindung mehrerer Leitungen

b) Ein geschlossener Stromweg, durch den elektrischer Strom fließen kann

c) Ein Gerät, das Spannung misst

d) Eine Leitung ohne elektrische Komponenten

2. Welche der folgenden Komponenten ist für den Schutz eines elektrischen Schaltkreises gedacht?

a) Widerstand

b) Kondensator

c) Sicherung

d) Spule

3. Was passiert, wenn der Stromkreis unterbrochen wird?

a) Der Strom fließt schneller

b) Der Stromfluss stoppt

c) Der Widerstand wird erhöht

d) Der Kondensator entlädt sich

4. Was ist die Hauptfunktion eines Widerstands in einem Stromkreis?

a) Stromfluss speichern

b) Stromfluss begrenzen oder kontrollieren

c) Energie umwandeln

d) Spannung verstärken

5. Welche Eigenschaft hat ein Kondensator?

a) Er speichert elektrische Energie in Form eines magnetischen Feldes

b) Er speichert elektrische Energie in Form eines elektrischen Feldes

c) Er kontrolliert den Stromfluss

d) Er erhöht den Widerstand

6. Wofür wird eine Spule in einem Stromkreis verwendet?

a) Um Wärme zu erzeugen

b) Um magnetische Felder zu speichern

c) Um die Spannung zu messen

d) Um elektrische Energie in Licht umzuwandeln

7. Welche Funktion hat eine Diode in einem Stromkreis?

a) Sie verstärkt den Stromfluss

b) Sie lässt den Strom nur in eine Richtung fließen

c) Sie speichert elektrische Ladung

d) Sie erhöht die Spannung

8. Welche Funktion hat ein Transistor?

a) Er dient als Speicherbauelement

b) Er arbeitet als Schalter oder Verstärker

c) Er begrenzt den Stromfluss

d) Er erzeugt Strom aus Licht

9. Wie viele Anschlüsse hat ein Transistor typischerweise?

a) Zwei

b) Drei

c) Vier

d) Fünf

10. Was ist eine elektrische Quelle?

a) Ein Gerät, das elektrische Energie erzeugt oder liefert

b) Ein Widerstand, der Strom begrenzt

c) Ein magnetisches Bauteil

d) Ein Schalter, der den Stromfluss startet

11. Wie funktioniert ein Generator?

a) Durch die chemische Reaktion in einer Batterie

b) Durch die Umwandlung von mechanischer Energie in elektrische Energie

c) Durch die Speicherung von Energie in einem Kondensator

d) Durch die Begrenzung des Stromflusses

12. Welcher der folgenden Begriffe beschreibt die Stromerzeugung durch Bewegung?

a) Induktion

b) Widerstand

c) Ladung

d) Spannung

Lösungen

1: b); 2: c); 3: b); 4: b); 5: b); 6: b); 7: b); 8: b); 9: b); 10: a); 11: b); 12: a)

Kapitel 4: Grundlagen der Wechselstromtechnik

Den Begriff Wechselstrom haben Sie in der Liste der Begriffserklärungen zu Beginn dieses Buches bereits gehört. In diesem Kapitel werden Sie Genaueres über den Unterschied zwischen Wechselstrom und Gleichstrom erfahren. Zu Beginn des Kapitels werden Ihnen wichtige Informationen über deren Unterschiede und die jeweiligen Vor- und Nachteile der beiden Stromarten mitgegeben. Im Anschluss steigen Sie tiefer in die Thematik und die Physik, die dahintersteht, ein.

Wechselstrom vs. Gleichstrom

Sogenannter **Wechselstrom** ist eine Art elektrischer Strom, bei dem die Richtung des Stromflusses periodisch umgekehrt wird. Das bedeutet einfach gesagt, dass der Strom in regelmäßigen Abständen seine Richtung ändert. Wechselstrom wird häufig mit „AC" abgekürzt, abgeleitet von dem englischen Begriff „Alternating Current" (=wechselnder Strom).

Gleichstrom dagegen fließt immer in die gleiche Richtung. Er ändert seine Richtung anders als der Wechselstrom nicht. Physikalisch bedeutet dies, dass Elektronen sich stets durch einen elektrischen Leiter in die gleiche Richtung bewegen – und zwar vom sogenannten Minuspol zum Pluspol. Gleichstrom wird mit „DC" abgekürzt, abgeleitet von dem englischen Begriff „Direct Current" (= direkter Strom).

Der **Minuspol** ist der elektrische Anschluss eines Geräts oder einer Batterie, an dem die Elektronen abfließen. Sie kennen das sicher von einfachen Batterien im Haushalt: Dort gibt es stets eine Seite, die mit einem kleinen Minus und eine, die mit einem kleinen Plus markiert ist. In manchen Geräten ist auch nur eine der beiden Seiten gekennzeichnet. So wissen Sie stets, wie Sie die Batterien einlegen müssen. Gemeinsam mit dem Pluspol bildet der Minuspol den elektrischen Stromkreislauf. Der **Pluspol** ist demnach der Anschluss eines Geräts oder einer Batterie, an dem die Elektronen hineinfließen.

Gleichstrom und Wechselstrom sind zwei grundlegende Arten elektrischer Energie, die jeweils ihre eigenen Vor- und Nachteile haben und in verschiedenen **Anwendungen** eingesetzt werden.

Beim **Gleichstrom** bleibt die Stromstärke konstant – und zwar über den gesamten Zeitverlauf, in dem der Strom fließt, hindurch. In physikalischen

Diagrammen wird Gleichstrom entsprechend als eine Linie dargestellt, während Wechselstrom als sogenannte **Sinuskurve** erscheint.

Anmerkung:
Eine Sinuskurve ist eine mathematische Funktion mit der Form einer regelmäßigen, wellenförmigen Kurve. Sie tritt in vielen naturwissenschaftlichen und technischen Anwendungen auf und kann beispielsweise verwendet werden, um periodische Phänomene zu modellieren. Dazu gehören etwa Schwingungen oder elektrische Signale. In der Elektrotechnik wird die Sinuskurve daher oft zur Darstellung von Wechselstrom verwendet.

Beim **Wechselstrom** ändert sich die Fließrichtung der Elektronen regelmäßig vom Minuspol zum Pluspol und zurück. In den meisten Ländern läuft Wechselstrom typischerweise mit einer Frequenz von 50 oder 60 Hz. In einem europäischen Stromnetz ändert sich die Umpolung des Wechselstroms rund 100 Mal pro Sekunde – das heißt 50 Mal in jede Richtung (entsprechend 50 Hz).

Vor- und Nachteile von Gleichstrom und Wechselstrom

Gleichstrom und Wechselstrom haben ihre eigenen Vor- und Nachteile:

Wechselstrom bietet die Möglichkeit, Spannung mit Hilfe von Transformatoren abhängig von der gewünschten Nutzung zu erhöhen oder zu verringern. Dadurch wird die Übertragung von elektrischer Energie auch über größere Entfernungen effizienter gestaltet. Vor allem heutzutage, in einer Zeit, in der elektrische Energie in der Praxis tatsächlich große Entfernungen zurücklegt, ist dies ein bedeutsamer Vorteil. Außerdem ist die Erzeugung von Wechselstrom in Generatoren besonders leicht. Daher eignet sich Wechselstrom grundsätzlich für viele Anwendungen besser als Gleichstrom. Die Transformation von Wechselstrom ermöglicht weiterhin die leichte Anpassung der Spannung. Das bedeutet, dass Wechselstrom an diverse Anwendungen angepasst werden kann. Zudem gilt Wechselstrom als berührungssicherer als Gleichstrom. Nicht zuletzt sind zahlreiche Schutzvorrichtungen – darunter etwa Leistungsschutzschalter – auf Wechselspannung ausgerichtet.

Die Gleichstromnutzung über weite Entfernung gelang erst Anfang des 20. Jahrhunderts. Dabei waren keine Transformatoren notwendig und die Verluste waren im Vergleich zur Wechselstromnutzung deutlich geringer. Das liegt daran, dass bei der Nutzung von Gleichstrom anders als beim Wechselstrom keine Widerstände kapazitiver oder induktiver Art entstehen. Auf der anderen Seite geht die Gleichstromnutzung nicht ohne nennenswerte

Nachteile einher. Der Aufwand der Nutzung über eine längere Entfernung ist beispielsweise deutlich höher. Zudem steigen die Kosten. Gleichstrom hat wiederum den Vorteil, dass keine Phasenwechsel anfallen, die empfindlichen elektronischen Geräten auf Dauer schaden könnten. Handelt es sich um ein empfindliches Gerät, kann die dauerhafte Nutzung von Gleichstrom die Lebensdauer des Geräts gegenüber der dauerhaften Nutzung von Wechselstrom erhöhen. Letztlich ermöglicht Gleichstrom anders als Wechselstrom auch die Speicherung von Strom in Form von Batterien.

Auf einen Blick:
Die Vor- und Nachteile von Gleichstrom und Wechselstrom

Vorteile Gleichstrom:
- Ermöglicht die Speicherung von Strom in Batterien
- Weniger schädlich für empfindliche Geräte
- Verluste auf langen Strecken gering
- Hohe Stabilität und Vorhersagbarkeit

Nachteile Gleichstrom:
- Deutlich höherer Aufwand und steigende Kosten bei Entfernungen
- Gilt als risikoreicher für den Menschen

Vorteile Wechselstrom:
- Geringer Aufwand bei der Nutzung auf großen Entfernungen
- Geringere Kosten bei entsprechendem Nutzen
- Gilt als sicherer

Nachteile Wechselstrom:
- geht meist mit hohen Spannungen einher und erfordert daher starke Isolierungen
- größeres Risiko für empfindliche Geräte

Gleichstrom und Wechselstrom in praktischer Anwendung

Gleichstrom findet sich in zahlreichen Bereichen der Elektrotechnik. Er wird überwiegend in diversen elektronischen Geräten und Elektromotoren eingesetzt. Zudem findet Gleichstrom in der Haushaltsstromversorgung sowie in der Industrie Anwendung. Aufgrund seiner Speichermöglichkeit wird Gleichstrom beispielsweise auch in Batterien und Solarzellen eingesetzt. Wechselstrom kann ebenfalls für die Stromversorgung in Haushalten und Unternehmen genutzt werden. Genutzt wird er dort vor allem für elektrische Geräte wie Lampen, Fernseher und Kühlschränke. In der Industrie wird Wechselstrom für große Maschinen und Produktionsanlagen genutzt. Auch im Transportwesen findet Wechselstrom häufig Anwendung, etwa bei Straßenbahnen und elektrischen Zügen. Unter anderem lässt sich mit Wechselstrom auch die Telekommunikationsindustrie betreiben.

Drehstrom

Neben dem Gleich- und dem Wechselstrom spielt auch sogenannter **Drehstrom** eine Rolle. Dabei handelt es sich um eine besondere Form des Wechselstroms, bei dem **drei Phasen auftreten**. Jede dieser Phasen ist eine sinusförmige Wechselspannung, die jeweils um 120 Grad phasenverschoben ist. Die Phasen werden mit den Kürzeln „L1", „L2" und „L3" bezeichnet. Die L1-Phase stellt den Anfang des Systems dar und wird meist als Referenzphase genutzt. Die L2-Phase ist im Vergleich zur L1-Phase um 120 Grad phasenverschoben. Die L3-Phase schließlich ist im Vergleich zur L2-Phase um weitere 120 Grad phasenverschoben. Damit entstehen zeitlich versetzte Wechselspannungen. Teilweise lassen sich auch heute noch Erklärungen finden, in denen die Phasen nach einem veralteten System mit den Buchstaben R (L1), S (L2) und T (L3) bezeichnet werden. Gängig sind diese Abkürzungen jedoch nicht mehr. Falls Ihnen diese Kürzel jedoch mal begegnen, sollten Sie sich daneben die modernen Bezeichnungen notieren.

Wie beim einfachen Wechselstrom ändern sich auch beim Drehstrom die Stromstärke bzw. Spannung. Zusätzlich erzeugt Drehstrom ein rotierendes Magnetfeld. Mit Hilfe dieses Feldes wird elektrische Energie übertragen und kann so nutzbar gemacht werden. In der Regel haben Gleichstrom und einfacher Wechselstrom jedoch eine größere Bedeutung für die Praxis.

Das Dreiphasensystem wird in der Praxis häufig bei der Verteilung und beim Transport von elektrischer Energie eingesetzt. Beim Zusammenschalten der drei Phasen werden insgesamt nur drei oder vier Leitungen benötigt. Im Vergleich dazu würde Wechselstrom bei drei Strängen mindestens sechs Leitungen benötigen.

Umwandlung von Wechselstrom in Gleichstrom

Wechselstrom kann in Gleichstrom umgewandelt werden. Dafür gibt es mehrere Möglichkeiten. Überwiegend wird dabei ein sogenannter Gleichrichter eingesetzt. Dieser ist eine elektronische Schaltung, die sogenannte negative Halbwellen des Wechselstroms entfernt. Damit wird eine pulsierende

Gleichspannung erzeugt. Dafür werden außerdem eine oder mehrere Dioden eingesetzt, deren Einsatz die Umwandlung ermöglicht. Es gibt verschiedene Arten von Gleichrichtern. Die wichtigsten sind der Einweggleichrichter (auch als Halbwellengleichrichter bekannt), der Zweigleichter (auch Vollwellengleichrichter genannt) und der Brückengleichrichter. Der Einweggleichrichter besteht aus nur einer Diode. Sie sorgt dafür, dass der Stromfluss nur in eine Richtung geht. Sobald der Wechselstrom hier durch den Gleichrichter fließt, blockiert die Diode die negative Halbwelle des Stroms. Die zweite Halbwelle – die sogenannte positive Halbwelle des Stroms – darf jedoch passieren. Das liegt daran, dass bei der positiven Halbwelle der Pluspol an der Anode der Diode anliegt – wodurch geleitet wird. Bei der negativen Halbwelle liegt der Pluspol an der Kathode an, sodass geblockt wird. Der Wechselstrom wurde nunmehr zum Gleichstrom verarbeitet. Da es sich hier immer noch um einen „welligen" Strom handelt, wird auch von einem pulsierenden Gleichstrom oder einer Brummspannung gesprochen. Gleichstrom, der nicht aus einer Wechselstrom-Umwandlung entstanden ist, fließt normalerweise sehr viel gleichmäßiger in eine Richtung. Bildlich können Sie sich das genauso vorstellen: Gleichstrom wird normalerweise mit einer geraden Linie auf einem Diagramm gezeigt, Wechselstrom hingegen mit zwei abwechselnden Wellen oberhalb und unterhalb einer Geraden. Gleichstrom, der aus einer Umwandlung stammt, wird nur noch die Wellen oberhalb der Geraden verzeichnen.

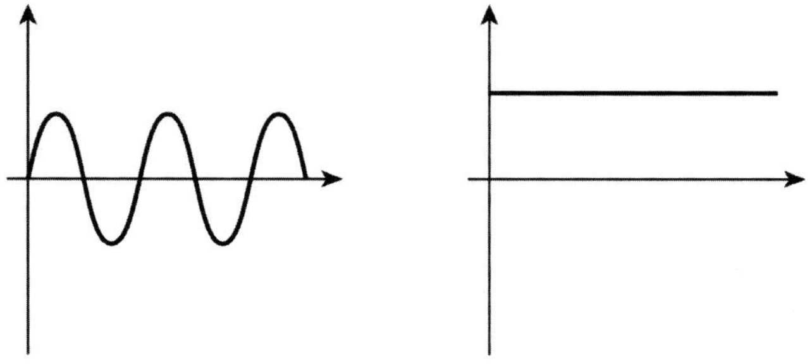

Der Zweigleichter und der Brückengleichrichter bestehen beide aus vier Dioden. Diese sind jeweils derart angeordnet, dass sie beide Halbwellen durchlassen und berücksichtigen. Dadurch entstehen andere Typen von Gleichspannung.

Diverse elektronische Geräte besitzen heutzutage einen Gleichrichter, der im Netzteil eingebaut ist. Dadurch gelingt die Inbetriebnahme mit der Wechselspannung aus der Steckdose. Während der Umwandlung entstehen allerdings Wärme und ein Verlust der Primärenergie.

Exkurs: Ist Gleichstrom gefährlich?

Gleichstrom gilt als weniger (berührungs-)sicher als Wechselstrom. Dabei können sowohl Gleichspannung als auch Wechselspannung zu schweren körperlichen Verletzungen führen, wenn ein Kontakt zustande kommt.

Symptome wie Herzkammerflimmern und im schlimmsten Fall sogar ein Herz- und Atemstillstand können sowohl bei Kontakt mit Gleichstrom als auch mit Wechselstrom auftreten. Grundsätzlich ist Wechselstrom also nicht ungefährlich. Das Gleiche gilt für Verbrennungen und Zellschäden, die erst Tage später zum Tod führen können. So viel sollte jedem klar sein: Kontakt mit Strom kann immer gefährlich werden, egal welche Art Strom. Die Schwere der Verletzung hängt, wie in Kapitel 1 bereits erklärt, vielmehr von der Stromstärke, der Dauer des Kontaktes und der Größe der in Berührung geratenen Oberfläche ab.

Gleichstrom gilt gleichwohl als gefährlicher, da hier der sogenannte **Nulldurchgang** fehlt. Der Nulldurchgang ist in der Elektrotechnik der Zeitpunkt, an dem sich die Polarität einer Spannung oder eines Stroms ändert. Beim Wechselstrom endet der Stromfluss durch die Umpolung bereits nach wenigen Millisekunden – also sobald der Stecker in der Steckdose gezogen oder ein Schalter umgelegt wird. Beim Gleichstrom ist dies anders, was im schlimmsten Fall zum Brand führen kann. Da die Stromrichtung beim Gleichstrom konstant bleibt und es keine periodischen Änderungen der Polarität gibt, entfällt der Nulldurchgang. Dies hat Auswirkungen auf Schaltungen und Geräte, die in der Regel mit Wechselstrom funktionieren. Da diese elektronischen Schaltungen so gestaltet werden, dass sie den Nulldurchgang erkennen und entsprechend darauf reagieren, verändert sich die Reaktion, wenn Gleichstrom eingesetzt wird. Da viele haushaltsübliche Geräte auf Wechselstrom ausgelegt sind und mit der Umpolung „rechnen", wird das Risiko eines Unfalls bei Gleichstromnutzung erhöht. Einige elektronische Geräte wie Elektromotoren und Transformatoren können daher gar nicht erst mit Gleichstrom betrieben werden.

Beim Wechselstrom ist außerdem die sogenannte **„Loslass-Schwelle"** bekannt. Diese bezeichnet den Zeitpunkt, ab dem ein Loslassen des stromführenden Gegenstandes für den Menschen nicht mehr möglich ist. Dies liegt an einem zu starken Verkrampfen der Muskeln. Wer versehentlich ein unter Strom stehendes Objekt anfasst, kann sich häufig nicht mehr rechtzeitig davon losreißen, da die Muskelkrämpfe schnell einsetzen. Beim Gleichstrom ist über eine entsprechende Schwelle nichts bekannt, was die Nutzung grundsätzlich risikoreicher macht. Je weniger Details bekannt sind, desto weniger Vorsichtsmaßnahmen können entsprechend getroffen werden. Ganz generell besteht beim Gleichstrom noch ein deutlich höherer Forschungsbedarf – auch was weitere Auswirkungen auf den menschlichen Körper angeht. Wird Gleichstrom weiter erforscht, gilt er in Zukunft möglicherweise nicht mehr als deutlich risikoreicher.

WECHSELSTROMKREISE UND PHASEN

Wechselstrom (AC) ist eine fundamentale Form des elektrischen Stroms, bei der die Richtung und Stärke periodisch wechseln. Im Gegensatz zum Gleichstrom (DC), der in eine Richtung fließt, beschreibt Wechselstrom eine sinusförmige Wellenform. Diese Sinuswelle lässt sich mathematisch darstellen, wobei der momentane Strom, die maximale Stromstärke, die Frequenz, die Zeit und der Phasenwinkel ist. In Haushalten hat Wechselstrom in Deutschland eine Frequenz von 50 Hz, was bedeutet, dass die Sinuswelle 50 Zyklen pro Sekunde durchläuft.

Eine der herausragendsten Vorteile von Wechselstrom liegt in seiner Eignung für die Übertragung von Energie über große Entfernungen. Dank der sinusförmigen Wellenform kann Wechselstrom mit Transformatoren leicht in seiner Spannung variiert werden. Hohe Spannungen sind entscheidend, um Energieverluste während der Übertragung zu minimieren, da diese Verluste proportional zur Stromstärke sind. Durch die Erhöhung der Spannung bei gleichzeitiger Reduktion der Stromstärke werden diese Verluste drastisch reduziert. Transformatoren spielen dabei eine zentrale Rolle, indem sie den Wechselstrom effizient auf die erforderlichen Spannungsniveaus anheben oder absenken. Dies ist mit Gleichstrom wesentlich schwieriger und verlustbehafteter, was Wechselstrom zum Standard in modernen Stromnetzen macht.

Doch warum ist Wechselstrom so wichtig? Ein Schlüsselgrund liegt in seiner Eignung für die Übertragung von Energie über große Entfernungen. Stellen Sie sich vor, Sie müssen Wasser durch eine sehr lange Leitung pumpen. Je stärker der Druck, desto weiter kann das Wasser transportiert werden, ohne dass viel verloren geht. In der Elektrotechnik entspricht der "Druck" der Spannung. Wechselstrom ermöglicht es, die Spannung mithilfe von Transformatoren einfach und effizient zu erhöhen, was die Verluste während der Übertragung minimiert. Diese Eigenschaft macht Wechselstrom unentbehrlich für moderne Stromnetze.

Ein weiteres Beispiel aus dem Alltag zeigt, warum die sinusförmige Wellenform von Wechselstrom so vorteilhaft ist: Stellen Sie sich ein sich gleichmäßig schwingendes Seil vor, das an einem Ende festgehalten und am anderen Ende rhythmisch auf und ab bewegt wird. Die Bewegung breitet sich als Welle über das Seil aus. Ebenso "schwingt" die elektrische Spannung beim Wechselstrom in einem stetigen Muster, das sich leicht berechnen und kontrollieren lässt. Diese Regelmäßigkeit macht Wechselstrom ideal für den Betrieb vieler Geräte, von Haushaltsgeräten bis zu industriellen Elektromotoren.

Ein weiteres Konzept, das eng mit Wechselstrom verbunden ist, ist der sogenannte Phasenwinkel. Phasenwinkel sind eine Art Zeitverschiebung zwischen zwei sinusförmigen Wellen, wie sie in Wechselstromkreisen auftreten. Stellen Sie sich vor, Sie und ein Freund springen auf einem Trampolin. Wenn Sie gleichzeitig in die Luft springen, sind Sie "in Phase". Wenn Ihr Freund jedoch leicht verzögert springt, während Sie schon wieder landen, entsteht eine "Phasenverschiebung". In Wechselstromkreisen passiert etwas Ähnliches: Spannung und Strom können zeitlich zueinander verschoben sein.

Diese Verschiebung wird durch den Phasenwinkel beschrieben und hängt von den Bauteilen im Stromkreis ab. Ohm'sche Widerstände haben keinen Einfluss auf die Phase; Spannung und Strom schwingen synchron. Spulen hingegen verzögern den Strom, und Kondensatoren bewirken, dass der Strom der Spannung vorausläuft. Diese Phasenverschiebung beeinflusst die Effizienz des Systems, da sie die Wirkleistung reduziert. Ein hoher Leistungsfaktor (also eine geringe Phasenverschiebung) ist wünschenswert, um die Energie optimal zu nutzen.

Diese Phasenbeziehungen beeinflussen die Effizienz von Wechselstromkreisen. Die Wirkleistung ergibt sich aus, wobei der Leistungsfaktor ist. Ein Leistungsfaktor von 1 bedeutet, dass alle elektrische Energie effektiv genutzt wird, während ein geringerer Leistungsfaktor auf Energieverluste hinweist. Solche Verluste können durch Kompensation, etwa mit Kondensatoren, reduziert werden.

Wechselstrom als Sinuswelle

Wechselstrom (AC) ist eine Form des elektrischen Stroms, bei dem die Richtung und die Stärke der Strombewegung periodisch wechseln. Im Gegensatz zu Gleichstrom (DC), bei dem die Elektronen in eine Richtung fließen, ändert sich die Richtung beim Wechselstrom regelmäßig, was eine sinusförmige Wellenform erzeugt. Diese Form wird als Sinuswelle bezeichnet und ist in der Elektrotechnik eine der grundlegendsten Wellenformen.

Die mathematische Darstellung einer Sinuswelle ist wie folgt:

$$I(t) = I_{max} \times \sin(2\pi f t + \phi)$$

Dabei ist: *I(t)* der momentane Strom zu einem bestimmten Zeitpunkt *t*. Es gibt an, wie hoch der Stromwert zu einem bestimmten Zeitpunkt in der Zeit ist. In der Praxis ist dies zum Beispiel der Strom in einem elektrischen Gerät zu einem bestimmten Moment. I_{max} ist der maximale Strom oder die Amplitude der Sinuswelle. Der Wert zeigt, wie stark der Strom maximal ist. Diese Zahl ist konstant und beschreibt die „Höhe" der Sinuswelle. *Sin* ist die Sinusfunktion, eine mathematische Funktion, die bei der Beschreibung von Wellenbewegungen und periodischen Prozessen wie Stromschwankungen oder Schwingungen verwendet wird. Die Sinuswelle beschreibt dabei eine wiederholte, gleichmäßige Schwankung, die in vielen Naturphänomenen vorkommt. *I(t)*, der momentane Strom, beinhaltet die Frequenz *f* der Schwingung und der Faktor 2π sorgt dafür, dass die Sinuswelle korrekt in Bezug auf den Kreis und damit auch die Zeit skaliert wird. Die Frequenz f gibt an, wie viele vollständige Zyklen der Welle in einer Sekunde (also die Schwingungen pro Sekunde) auftreten.

Beispiel:
Bei einer Frequenz von 50 Hz schwingt die Welle 50 Mal pro Sekunde. t ist die Zeit, zu welcher der Strom gemessen wird. φ ist der Phasenwinkel, welcher die Verschiebung der Sinuswelle im Vergleich zu einer Referenz beschreibt. Wenn Sie zwei Sinuswellen mit derselben Frequenz, aber mit unterschiedlichen Phasen haben, sind diese um einen bestimmten Betrag verschoben. In der Praxis könnte dies die Phasenverschiebung zwischen verschiedenen Stromkreisen oder Geräten bedeuten. Ein Beispiel für Wechselstrom ist die Elektrizität, die in Haushalten verwendet wird. In Deutschland beträgt die Frequenz des Wechselstroms in der Steckdose 50 Hz. Das bedeutet, die Welle vollzieht 50 komplette Zyklen pro Sekunde. Angenommen, Sie haben einen Stromkreis mit einem maximalen Strom von I_{max} = 5 Ampere, einer Frequenz von f = 50 Hz, und die Zeit ist t = 0 Sekunden. Der Phasenwinkel sei φ = 0 (kein Versatz).

Die Formel lautet:

$$I(t) = 5 \times \sin(2\pi \times 50 \times 0{,}01 + 0)$$
$$I(t) = 5 \times \sin(2\pi \times 0{,}5)$$
$$I(t) = 5 \times \sin(\pi)$$
$$I(t) = 5 \times 0$$
$$I(t) = 0$$

Zu diesem Zeitpunkt t = 0,01 Sekunden ist der Strom also 0 Ampere. Wenn Sie den Wert zu einem anderen Zeitpunkt berechnen würden, würde der Strom aufgrund der Sinuswelle steigen oder fallen.

In der Elektrotechnik wird diese Formel verwendet, um den Strom in Wechselstromkreisen zu berechnen, bei denen der Strom mit einer bestimmten Frequenz, zum Beispiel 50 Hz in vielen Ländern, periodisch schwankt. Diese Formel hilft auch zu bestimmen, wie der Strom zu verschiedenen Zeitpunkten aussieht und wie er sich aufgrund der Frequenz und der Phasenverschiebung ändert. In vielen Geräten, zum Beispiel in Motoren, Transformatoren oder Lichtsystemen, wird diese Formel genutzt, um die Leistung oder den Stromfluss zu bestimmen.

Vorteile und Nachteile Gleichstrom

Vorteile:

- **Stabilität:** Da der Strom in eine Richtung fließt, ist er konstant. Dies ist vorteilhaft für elektronische Geräte, die eine stabile Spannungsquelle benötigen (z.B. Handys, Laptops, Akkus).
- **Einfache Umwandlung:** Gleichstrom lässt sich relativ einfach in andere Spannungen umwandeln, was ihn ideal für elektronische Schaltungen und batteriebetriebene Geräte macht.
- **Einfache Steuerung:** In vielen modernen elektronischen Geräten ist die Steuerung des Stroms (z.B. in Motoren oder Ladegeräten) oft einfacher und effizienter mit Gleichstrom.

Nachteile:

- **Schwieriger über große Entfernungen zu übertragen:** Gleichstrom verliert mehr Energie durch Wärme und ist daher weniger effizient für die Übertragung über weite Strecken.
- **Schwierig in großen Netzwerken zu verteilen:** Da Gleichstrom keine einfache Möglichkeit bietet, die Spannung hoch oder runter zu transformieren, ist er weniger geeignet für den großflächigen Einsatz in Stromnetzen.

Vorteile und Nachteile Wechselstrom

Vorteile:

- **Einfache Übertragung über weite Strecken:** Wechselstrom kann mit Transformatoren effizient in höhere Spannungen umgewandelt werden, wodurch der Strom über weite Strecken transportiert werden kann, ohne viel Energie zu verlieren. Diese hohe Spannung ermöglicht eine einfache Übertragung auf langen Strecken, da die Verluste bei höheren Spannungen geringer sind.
- **Einfache Spannungsumwandlung:** AC lässt sich leicht in höhere oder niedrigere Spannungen umwandeln, was die Stromversorgung von Haushalten und Industrieanlagen praktisch und kostengünstig macht.
- **Breite Nutzung:** In den meisten Stromnetzen weltweit wird Wechselstrom verwendet, da er sich gut für große Energiequellen eignet, wie z.B. Kohlekraftwerke, Wasserkraftwerke und Windkraftanlagen. Auch die Nutzung von AC-Motoren ist weit verbreitet.

Nachteile:

- **Wechselnde Richtung:** Die häufige Richtungsänderung kann in bestimmten Anwendungen problematisch sein, z.B. in der Elektronik, die oft einen konstanten Strom benötigt.

- **Komplexere Umwandlung für elektronische Geräte:** Für viele elektronische Geräte muss der Wechselstrom zunächst in Gleichstrom umgewandelt werden, was zusätzliche Schaltkreise und Komponenten erfordert.
- **Induktive Verluste:** Bei der Übertragung von Wechselstrom über sehr lange Strecken können durch Induktion und Kapazität Verluste auftreten, vor allem bei hohen Frequenzen.

Phasenverschiebung und Phasenwinkel

In einem Wechselstromkreis kann es vorkommen, dass die Spannung und der Strom nicht zur gleichen Zeit ihren maximalen Wert erreichen. Diese Zeitverschiebung zwischen den Wellen von Spannung und Strom nennt sich **Phasenverschiebung**. Sie wird in **Grad** oder **Bogenmaß** gemessen und beschreibt, wie viel eine Welle gegenüber einer anderen Welle verschoben ist.

Der **Phasenwinkel** ist der Winkel, der diese Verschiebung beschreibt, und er wird oft mit dem Symbol ϕ dargestellt. Eine Phasenverschiebung von 0° bedeutet, dass Spannung und Strom in Phase sind, also zur gleichen Zeit ihren Höhepunkt erreichen. Wenn die Spannung beispielsweise ihre maximale Ausprägung bei 10 ms erreicht, macht dies auch der Strom. Eine Phasenverschiebung von 90° zeigt an, dass der Strom maximal ist, wenn die Spannung null ist, und umgekehrt. In diesem Fall erreichen die beiden Größen ihre Höchstwerte zu unterschiedlichen Zeiten, was in vielen praktischen Anwendungen, wie etwa bei Induktivitäten und Kapazitäten, eine Rolle spielt.

Stellen Sie sich einen Wechselstromkreis mit einer Sinuswelle für Spannung vor. Bei einer Phasenverschiebung von 90° würde die Spannung mit ihrem Maximalwert beginnen, aber der Strom würde erst dann seinen Maximalwert erreichen, wenn die Spannung bereits wieder auf null gefallen ist. In einem solchen Fall ist der Strom zeitlich verzögert und folgt der Spannung in der Art einer verschobenen Welle. Dies wird eine phasenverschobene Beziehung zwischen Strom und Spannung genannt.

Phasenverschiebungen entstehen durch verschiedene Bauteile in einem Wechselstromkreis. Widerstände ändern die Phase des Stroms nicht. Induktive Bauteile wie Spulen führen dazu, dass der Strom hinter der Spannung zurückbleibt. Dies bedeutet, dass der Strom verzögert reagiert, wenn sich die Spannung verändert. Der Phasenwinkel verschiebt sich hier um 90° in den zeitlichen Rückstand. Praktisch bedeutet dies, dass bei einer steigenden Spannung der Strom erst später reagiert. Dieser Effekt tritt auf, weil Spulen sich dem schnellen Anstieg von Spannung widersetzen und es dauert, bis sie die notwendige Energie speichern.

Beispiel:
Wenn eine Spule in einem Wechselstromkreis mit einer Sinusspannung betrieben wird, wird der Strom erst nach einer gewissen Verzögerung den maximalen Wert erreichen, während die Spannung ihren Höchstwert schon überschreitet. In einem solchen Fall wird von einer Phasenverschiebung von 90° zwischen Strom und Spannung gesprochen.

Kapazitive Bauteile wie Kondensatoren bewirken das Gegenteil: Sie verursachen eine Verschiebung der Spannung, sodass sie hinter dem Strom zurückbleibt. Dies bedeutet, dass der Strom seine maximale Ausprägung zuerst erreicht, bevor die Spannung folgt. Hier beträgt die Phasenverschiebung ebenfalls 90°, jedoch in die entgegengesetzte Richtung im Vergleich zu Induktivitäten.

Beispiel:
Wenn ein Kondensator in einem Wechselstromkreis verwendet wird, erreicht der Strom seinen maximalen Wert zuerst, während die Spannung erst später ansteigt, da der Kondensator erst geladen werden muss. Die Spannung „hinkt" sozusagen hinter dem Strom her. Auch hier wird von einer **Phasenverschiebung von 90°** gesprochen, jedoch zeigt sich der Unterschied darin, dass der Strom die Spannung „vorauseilt".

Phasen in Wechselstromkreisen

In Wechselstromkreisen gibt es unterschiedliche Phasenbeziehungen, die bestimmen, wie sich Strom und Spannung zueinander verhalten:

In-phase (Gleichphasig): Spannung und Strom erreichen ihre Maximalwerte zur gleichen Zeit. Dies ist typischerweise bei rein ohmischen Widerständen der Fall, bei denen keine Phasenverschiebung auftritt.

Out-of-phase (Phasenverschoben): In einem Wechselstromkreis mit Induktivitäten (Spulen) oder Kapazitäten (Kondensatoren) kann der Strom um bis zu 90° gegenüber der Spannung verschoben sein. In einem induktiven Kreis wird der Strom verzögert (die Spannung erreicht ihren Höhepunkt bevor der Strom), während in einem kapazitiven Kreis der Strom vor der Spannung seinen Höhepunkt erreicht.

Beispiel zur Veranschaulichung

Um diese Phasenverschiebung besser zu verstehen, stellen Sie sich vor, Sie beobachten eine Schwingung eines Seils, das am Ende befestigt ist. Wenn Sie das Seil in einer bestimmten Weise schwingen, erreichen die einzelnen Punkte am Seil ihren Höhepunkt zu unterschiedlichen Zeiten. Dies ist analog zu der Phasenverschiebung in einem Wechselstromkreis, wo Spannung und Strom ebenfalls unterschiedliche Zeitpunkte haben können, an denen sie ihre maximalen Werte erreichen.

Ein praktisches Beispiel für die Anwendung dieser Konzepte ist die **Leistungsberechnung** in einem Wechselstromkreis. Die Leistung wird durch den **Leistungsfaktor** (cos(ϕ)) beeinflusst, der von der Phasenverschiebung zwischen Spannung und Strom abhängt. Ein Leistungsfaktor von 1 zeigt eine ideale Übereinstimmung an, was bedeutet, dass die gesamte Energie effektiv genutzt wird.

Die mathematische Beziehung lautet:

Dabei ist **P** die tatsächliche Leistung in Watt, **S** die Scheinleistung in VA und ϕ der Phasenwinkel zwischen Strom und Spannung. Die **Scheinleistung (S)** wird durch das Produkt aus Spannung und Strom berechnet. Der **Leistungsfaktor (cos(ϕ))** gibt an, wie viel der Scheinleistung tatsächlich in Arbeit umgesetzt wird. Ein Leistungsfaktor von **1** bedeutet, dass Spannung und Strom perfekt in Phase sind, also keine Phasenverschiebung vorliegt und die gesamte zugeführte Energie effektiv genutzt wird. Ein Leistungsfaktor kleiner als 1 weist darauf hin, dass ein Teil der Energie in Form von **reaktiver Energie** gespeichert und später wieder abgegeben wird, ohne dass sie in direkte Arbeit umgesetzt wird.

In praktischen Anwendungen führt die Phasenverschiebung zu Effizienzverlusten. In Kreisen mit **induktiven Lasten** wie Motoren oder Transformatoren wird die Energie aufgrund der Magnetfelder in den Spulen gespeichert und verzögert wieder abgegeben. Auch in **kapazitiven Lasten** wie Kondensatoren wird die Energie im elektrischen Feld gespeichert und später wieder freigegeben. In beiden Fällen wird nicht die gesamte zugeführte Energie in Arbeit umgewandelt, was die Effizienz des Systems verringert.

Wechselstromspannung und -Stromstärke

Die **Wechselstromspannung** und die **Wechselstromstärke** sind Größen, die in einem **Wechselstromkreis** variieren. Im Gegensatz zum **Gleichstrom**, bei dem Spannung und Strom konstant sind, ändern sich beim Wechselstrom die Werte in regelmäßigen Abständen. Dies bedeutet, dass sowohl die Spannung als auch die Stromstärke periodisch ihre Richtung und Größe ändern, oft in Form einer Sinuswelle. Die **Wechselstromspannung** beschreibt die Differenz zwischen zwei Punkten im Stromkreis zu einem bestimmten Zeitpunkt, während die **Wechselstromstärke** den elektrischen Fluss von Ladungsträgern pro Zeiteinheit angibt. Die mathematische Beschreibung erfolgt meist durch **Sinusfunktionen**, wobei die Spannung und der Strom im Allgemeinen die gleiche Frequenz, aber eine unterschiedliche Phasenverschiebung aufweisen können.

Effektivwert und Spitzenwert von Wechselstrom

Um Wechselstrom (AC) zu verstehen, ist es wichtig, die Begriffe **Effektivwert** (**RMS**) und **Spitzenwert** zu kennen. Diese beiden Begriffe helfen dabei, die Größe von Wechselstrom zu quantifizieren.

Spitzenwert (auch als Amplitudenwert bekannt) ist der höchste Punkt einer Sinuswelle. Er zeigt den maximalen Wert an, den der Strom oder die Spannung während eines Zyklus in einem Wechselstromkreis erreicht. Der Spitzenwert ist der höchste Punkt der Welle, sowohl positiv als auch negativ.

Beispiel:
Stellen Sie sich vor, Sie sehen eine Sinuswelle, bei welcher die Spannung bei 0 V beginnt und auf den höchsten Wert von 325 V steigt, bevor sie wieder auf -325 V fällt. Der Spitzenwert ist also 325 V.

Effektivwert ist der Wert, der den gleichen Effekt wie eine Gleichstromquelle gleicher Größe auf die elektrische Leistung hat. Er gibt an, wie viel Energie ein Wechselstrom im Vergleich zu einem Gleichstrom mit der gleichen Größe über einen Zeitraum hinweg abgibt. Der Effektivwert ist besonders wichtig, um die Leistung in Wechselstromkreisen zu berechnen, da er die tatsächliche Energieübertragung besser widerspiegelt. Er ist also der Wert, der den gleichen Effekt wie eine große Gleichstromquelle auf die Leistung hat. Anders ausgedrückt, der Effektivwert ist eine Art Durchschnittswert, der die Schwankungen der Sinuswelle berücksichtigt und die tatsächliche Energieübertragung im Stromkreis widerspiegelt.

Mathematisch lässt sich der Effektivwert eines sinusförmigen Wechselstroms durch den Spitzenwert geteilt durch die Quadratwurzel von 2 berechnen:

$$U_{eff} = \frac{U_{spitze}}{\sqrt{2}} oder\ I_{eff} = \frac{I_{spitze}}{\sqrt{2}}$$

Angenommen, eine Haushaltssteckdose in Deutschland liefert eine Spannung von 230 V als Effektivwert. Das bedeutet, dass der Spitzenwert der Spannung- also der höchste Punkt der Sinuswelle-etwa:

$$U_{spitze} = 230\,V \times \sqrt{2}$$
$$U_{spitze} \approx 325\,V$$

Diese 230 V Effektivwert entsprechen der Energie, die der Wechselstrom im Haushalt tatsächlich liefert und die gleiche Wirkung hat wie eine konstante Gleichspannung von 230 V.

Wenn Sie also wissen, dass die Spannung in Ihrer Steckdose in Deutschland einen Effektivwert von 230 V hat, bedeutet das nicht, dass die Spannung konstant 230 V beträgt. In Wirklichkeit schwankt sie ständig zwischen positiven und negativen Werten – der **Spitzenwert** liegt sogar bei etwa 325 V. Doch für die meisten Geräte und Berechnungen ist der Effektivwert der relevantere Wert, da er angibt, wie viel **echte** Energie der Strom liefert und wie er sich auf Geräte wie Ihren Kühlschrank, Fernseher oder Ihre Lampe auswirkt.

Der Effektivwert gibt also die wichtigste Kennzahl für die **Energieübertragung** in Wechselstromkreisen und ist entscheidend für die Planung und den Betrieb elektrischer Geräte.

Wechselstrommessungen mit Oszilloskopen

Um die Eigenschaften von Wechselstrom zu messen und zu analysieren, kommen Oszilloskope zum Einsatz. Ein Oszilloskop ist ein Gerät, das elektrische Signale in Form einer Wellenform auf einem Bildschirm darstellt. Dies ermöglicht es Technikern und Ingenieuren, den Verlauf von Strom und Spannung über die Zeit zu beobachten und zu analysieren.

Mit einem Oszilloskop können folgende Aspekte gemessen werden:

- **Spitzenwerte:** Der höchste und niedrigste Punkt der Welle.
- **Effektivwerte:** Über eine mathematische Berechnung anhand der Darstellung im Oszilloskop.
- **Phasenverschiebung:** Der Unterschied in der Zeit oder Phase zwischen Strom- und Spannungswelle.

Auf dem Bildschirm des Oszilloskops ist in der Regel eine sogenannte Sinuswelle zu sehen. Sie zeigt, wie sich der Strom oder die Spannung über die Zeit verändert. Über die Steuerfunktion des Geräts lässt sich die Darstellung so anpassen, dass genaue Ergebnisse möglich sind. Die Zeitachse regelt, wie viel Zeit auf dem Bildschirm dargestellt wird, während die Spannungsskala dafür sorgt, dass die Wellen in der passenden Größe angezeigt werden.

Da ein Oszilloskop Strom nicht direkt messen kann, wird häufig eine Stromzange verwendet. Dieses Hilfsmittel wird um das zu messende Kabel gelegt und wandelt den Strom in eine proportionale Spannung um, die das

Oszilloskop dann darstellen kann. Dabei ist es wichtig, die Bandbreite der Stromzange zu berücksichtigen, um eine genaue Messung sicherzustellen. Zusätzlich muss der sogenannte Tastkopf, mit dem das Signal erfasst wird, korrekt eingestellt werden. Tastköpfe verfügen häufig über einen einstellbaren Teilungsfaktor, der dafür sorgt, dass das Signal passend skaliert wird.

Damit Wechselstrom präzise gemessen werden kann, sollten alle Messgeräte wie Stromzange und Tastkopf ordnungsgemäß angeschlossen und kalibriert sein. Die Einstellungen des Oszilloskops müssen sorgfältig angepasst werden, damit die Wellen klar und ohne Verzerrungen dargestellt werden. Durch die korrekte Anwendung dieser Techniken lässt sich Wechselstrom effektiv analysieren und besser verstehen.

Berechnung von Wechselstromleistung

Die Leistung in einem Wechselstromkreis wird anders berechnet als bei Gleichstrom, da die Spannung und der Strom nicht immer in Phase sind und unterschiedliche Phasenverschiebungen auftreten können. Spannung und Strom erhöhen oder verringern sich nicht immer gleichzeitig. Daher können sie zeitlich verschoben sein und dies wird dann als Phasenverschiebung bezeichnet. Die Wechselstromleistung wird häufig in drei Hauptkategorien unterteilt:

- aktive Leistung,
- reaktive Leistung und
- scheinbare Leistung.

Aktive Leistung (P) ist die tatsächliche Leistung, die in einem elektrischen Gerät verwendet wird und in Watt (W) gemessen wird. Diese Leistung hängt von der Spannung, dem Strom und dem Phasenwinkel ab:

$$P = V_{eff} \times I_{eff} \times \cos(\phi)$$

Hierbei ist cos(ϕ) der Leistungsfaktor, der den Einfluss der Phasenverschiebung zwischen Spannung und Strom angibt.

Reaktive Leistung (Q) wird in Voltampere-reaktiv (VAR) gemessen und ist die Leistung, die in der Schaltung hin und her schwingt, ohne genutzt zu werden. Sie ist wichtig für die Berechnung der Effizienz in Wechselstromkreisen.

Die scheinbare Leistung (S) ist die Gesamtsumme der aktiven und reaktiven Leistung und wird in Voltampere (VA) gemessen. Der Zusammenhang zwischen diesen drei Arten von Leistung wird durch den Leistungsdreieck (Phasendreieck) dargestellt.

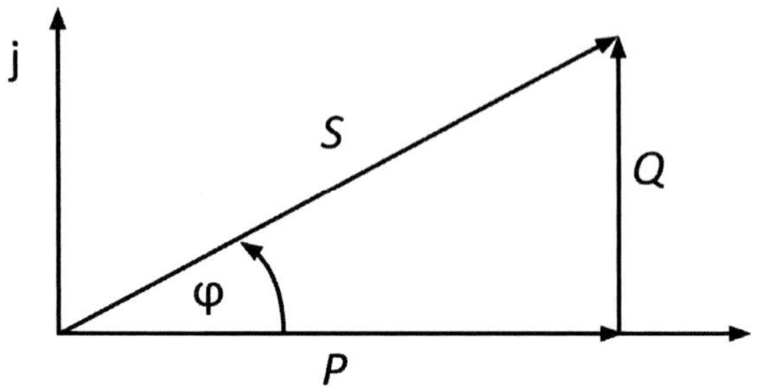

Reaktive Leistung entsteht in Wechselstromkreisen, weil Strom und Spannung bei bestimmten Geräten nicht immer exakt im gleichen Moment ansteigen oder abfallen. Das liegt daran, dass einige Geräte elektrische Energie nicht direkt verbrauchen, sondern zeitweise speichern und wieder zurückgeben.

Ein gutes Beispiel ist ein Elektromotor: Um zu funktionieren, erzeugt der Motor ein Magnetfeld. Dieses Magnetfeld benötigt Energie, die nicht dauerhaft verbraucht wird, sondern ständig zwischen dem Motor und der Stromquelle hin- und herfließt. Auch Transformatoren oder Leuchtstofflampen nutzen solche magnetischen oder elektrischen Felder. Diese „hin- und herfließende" Energie wird als reaktive Leistung bezeichnet.

Reaktive Leistung ist notwendig, damit Geräte wie Motoren oder Transformatoren überhaupt arbeiten können.

Obwohl reaktive Leistung keine direkte Arbeit (wie Licht, Wärme oder Bewegung) verrichtet, belastet sie das Stromnetz genauso wie aktive Leistung. Stromleitungen, Transformatoren und Generatoren müssen größer dimensioniert sein, um sowohl aktive als auch reaktive Leistung transportieren zu können. Das erhöht die Kosten für den Bau und Betrieb des Stromnetzes. Reaktive Leistung verringert die Effizienz eines Stromnetzes. Wenn viel reaktive Leistung im Netz fließt, muss mehr Strom bereitgestellt werden, ohne dass diese Energie tatsächlich genutzt wird. Das führt zu höheren Energieverlusten, insbesondere in langen Stromleitungen. Die reaktive Leistung hat einen direkten Einfluss auf die Spannung im Stromnetz. Zu viel reaktive Leistung kann dazu führen, dass die Spannung im Netz absinkt, während zu wenig reaktive Leistung die Spannung steigen lässt. Beides kann Probleme für Geräte und das gesamte Netz verursachen. Um die Auswirkungen der reaktiven Leistung zu minimieren, werden in Stromnetzen spezielle Maßnahmen ergriffen. Zum Beispiel werden sogenannte **Kompensationsanlagen** eingesetzt, die die reaktive Leistung „ausgleichen". Diese Anlagen bestehen oft aus Kondensatoren oder Spulen, die gezielt reaktive Leistung aufnehmen oder abgeben können. Dadurch wird der Leistungsfaktor verbessert, was das Netz entlastet und Energieverluste reduziert.

Ein praktisches Beispiel: In einem Industriebetrieb mit vielen Elektromotoren könnte die reaktive Leistung so hoch sein, dass das Unternehmen eine hohe Stromrechnung bekommt, obwohl nicht alles für die Arbeit der Maschinen genutzt wird. Durch den Einsatz von Kompensationsanlagen kann die Effizienz verbessert und die Netzbelastung reduziert werden.

Das Leistungsdreieck – auch Phasendreieck genannt – ist eine grafische Darstellung, die den Zusammenhang zwischen **aktiver**, **reaktiver** und **scheinbarer Leistung** zeigt. Es hilft zu verstehen, wie diese drei Arten von Leistung in einem Wechselstromkreis miteinander zusammenhängen.

Stell dir das Leistungsdreieck wie ein rechtwinkliges Dreieck vor:

- Die **aktive Leistung (P)** ist die tatsächliche Leistung, die von einem Gerät genutzt wird, um Arbeit zu verrichten, z. B. eine Glühbirne zum Leuchten zu bringen oder einen Motor zu betreiben. Sie liegt an der **Waagerechten** des Dreiecks.
- Die **reaktive Leistung (Q)** ist die Leistung, die zwischen dem Gerät und der Stromquelle hin- und herfließt, zum Beispiel um Magnetfelder aufzubauen. Sie liegt an der **Senkrechten** des Dreiecks.
- Die **scheinbare Leistung (S)** ist die Gesamtkombination aus aktiver und reaktiver Leistung. Sie bildet die **Hypotenuse**, also die schräge Seite des Dreiecks.

Die Länge der Seiten zeigt, wie groß die jeweilige Leistung ist.

Wie hängen die Leistungen zusammen?
Das Leistungsdreieck zeigt, dass sich aktive und reaktive Leistung mathematisch zu scheinbarer Leistung addieren – allerdings nicht einfach durch Addition, sondern durch den Satz des Pythagoras:
Hierbei ist:

- **S:** Die scheinbare Leistung (die gesamte elektrische Leistung, die bereitgestellt wird)
- **P:** Die aktive Leistung (die tatsächlich genutzte Leistung)
- **Q:** Die reaktive Leistung (die hin- und herfließende Leistung)

Was bedeutet das für den Alltag?
Das Leistungsdreieck zeigt, dass die scheinbare Leistung (S) immer größer ist als die aktive Leistung (P), wenn reaktive Leistung (Q) vorhanden ist. In der Praxis heißt das: Das Stromnetz muss mehr Leistung bereitstellen, als tatsächlich genutzt wird, wenn der Anteil an reaktiver Leistung hoch ist.

Beispiel:
Stellen Sie sich vor, Sie tragen einen Eimer Wasser. Das Wasser im Eimer ist die aktive Leistung (P) – das ist der Anteil, der wirklich für Arbeit genutzt wird. Wenn der Eimer zusätzlich schwingt oder Sie hin- und herlaufen müssen (reaktive Leistung Q), benötigen Sie insgesamt mehr Energie, um den Eimer zu bewegen. Die gesamte Energie, die Sie aufwenden, entspricht der scheinbaren Leistung (S).

Warum ist das Leistungsdreieck nützlich?
Das Leistungsdreieck hilft Ingenieuren und Elektrikern, zu verstehen, wie effizient ein Stromnetz arbeitet. Wenn der Anteil an reaktiver Leistung (Q) groß ist, muss das Netz mehr Energie liefern, ohne dass diese direkt genutzt wird. Ziel ist es daher, den **Leistungsfaktor** zu verbessern, damit der Anteil der aktiven Leistung möglichst hoch ist. Ein hoher Leistungsfaktor bedeutet, dass das Stromnetz effizienter arbeitet.

Im Alltag spielt die Leistung in einem Wechselstromkreis eine wichtige Rolle, zum Beispiel beim Betrieb von Haushaltsgeräten wie Kühlschränken, Waschmaschinen oder Lampen. Die **aktive Leistung (P)** ist die tatsächlich genutzte Energie, die ein Gerät benötigt, um zu funktionieren – etwa, um Licht zu erzeugen, Wasser zu erhitzen oder einen Motor anzutreiben. Diese Leistung wird in Watt (W) gemessen und hängt von der Spannung, dem Strom und dem sogenannten Phasenwinkel ab. Der Phasenwinkel beschreibt, wie gut Strom und Spannung zusammenarbeiten. Ein hoher **Leistungsfaktor** ($\cos(\phi)$) bedeutet, dass die Energie effizient genutzt wird.

Die **reaktive Leistung (Q)** hingegen wird für die Funktion von Geräten zwar benötigt, leistet aber keine direkte Arbeit, wie das Erzeugen von Wärme oder Bewegung. Ein Beispiel dafür sind Elektromotoren, die reaktive Leistung verwenden, um ihre Magnetfelder aufzubauen. Diese Leistung schwingt in der Schaltung hin und her und wird in Voltampere-reaktiv (VAR) gemessen. Sie ist wichtig für die Bewertung, wie effizient ein Stromnetz oder eine Anlage arbeitet.

Die **scheinbare Leistung (S)** ist die Summe aus aktiver und reaktiver Leistung und zeigt, wie viel elektrische Leistung insgesamt bereitgestellt werden muss. Diese wird in Voltampere (VA) gemessen und verdeutlicht, dass ein Stromnetz mehr liefern muss, als tatsächlich von den Geräten genutzt wird.

Wenn beispielsweise eine Waschmaschine läuft, nutzt sie aktive Leistung, um den Motor und die Heizung zu betreiben. Gleichzeitig fließt reaktive Leistung hin und her, um das Magnetfeld im Motor aufzubauen. Die scheinbare Leistung umfasst beide Anteile und zeigt, wie viel Stromnetzkapazität tatsächlich beansprucht wird. Je höher der Leistungsfaktor, desto effizienter wird die bereitgestellte Energie genutzt – ein wichtiger Punkt für die Stromrechnung und die Stabilität des Stromnetzes.

Beispiel zur Berechnung der Wechselstromleistung
Angenommen, in einem Wechselstromkreis beträgt der Effektivwert der Spannung 230 V und der Effektivwert des Stroms 5 A, mit einer Phasenverschiebung von 30° zwischen Strom und Spannung. Die aktive Leistung berechnet sich dann wie folgt:

$$\mathrm{P} = 230V \times 5A \times \cos(30°) \approx 230 \times 5 \times 0{,}866 = 997{,}9W$$

Der Leistungsfaktor cos (30°) liegt bei etwa 0,866, was bedeutet, dass ein erheblicher Teil der Energie effektiv genutzt wird.

WECHSELSTROMMESSUNGEN UND -ANALYSE

Die Wechselstrommessungen und -Analyse sind entscheidend, um die Eigenschaften und das Verhalten von Wechselstromkreisen zu verstehen. Bei der Messung von Wechselstrom werden vor allem Spannung, Stromstärke und Leistung erfasst. Diese Messungen können mit Instrumenten wie Multimetern, Oszilloskopen oder Leistungsmessgeräten durchgeführt werden, die die zeitlichen Schwankungen der Spannung und des Stroms aufzeichnen. Die Analyse von Wechselstrom umfasst die Bestimmung von Frequenz, Phasenverschiebung und Impedanz, um die Effizienz und das Verhalten des Stromkreises zu bewerten. Spezielle Diagramme wie Phasendiagramme oder Leistungsdreiecke helfen dabei, die Beziehungen zwischen Spannung, Strom und Leistung in einem Wechselstromkreis zu visualisieren und zu interpretieren.

Messgeräte für Wechselstrom

Um Wechselstrom zu messen und zu analysieren, werden spezielle Messgeräte benötigt, die in der Lage sind, verschiedene Aspekte des Wechselstroms zu erfassen. Die häufigsten Geräte sind:

- **Multimeter:** Ein vielseitiges Gerät, das sowohl Gleichstrom- als auch Wechselstromspannungen und -ströme messen kann. Multimeter sind einfach zu bedienen und bieten grundlegende Messungen für den privaten (zum Beispiel Überprüfung von Batterien, Steckdosen oder Sicherungen) und beruflichen Gebrauch (zum Beispiel Elektrotechnik oder Elektronikentwicklung).

- **Oszilloskop:** Ein leistungsstarkes Werkzeug, das die zeitliche Veränderung von elektrischen Signalen auf einem Bildschirm darstellt. Es zeigt Wechselstromwellen in Echtzeit, sodass die Form der Welle, die Frequenz, die Amplitude und die Phasenverschiebung analysiert werden kann. Ein Oszilloskop kann vielseitig verwendet werden. In der Elektrotechnik wird es vor allem zum Auffinden und Analysieren von Fehlern in elektronischen Schaltungen, wie zum Beispiel bei defekten Bauteilen oder fehlerhaften Signalübertragungen. Auch bei der Entwicklung von elektronischen Geräten wird das Oszilloskop verwendet, um die Signalqualität und die Funktion von Schaltungen zu testen. Des Weiteren wird es noch in der Kommunikationstechnik, in der Medizin und in der Automobilindustrie verwendet.
- **Leistungsmessgerät:** Ein Gerät, das die aktive Leistung, reaktive Leistung und scheinbare Leistung in einem Wechselstromkreis misst. Diese Geräte sind besonders wichtig für die Analyse komplexer Schaltungen und zur Berechnung des Energieverbrauchs. Es wird eingesetzt zur Energieverbrauchsanalyse und -optimierung, bei der Analyse komplexer elektrischer Systeme, bei erneuerbaren Energiequellen und bei der Elektroinstallation und Prüfungen.

Ein effektiver Einsatz dieser Messgeräte ist entscheidend, um die Leistung, Effizienz und Sicherheit von Wechselstromsystemen zu gewährleisten. Durch die präzise Analyse und Messung von Spannung, Strom und Leistung können potenzielle Störungen frühzeitig erkannt und behoben werden, was zu einer besseren Systemstabilität und geringeren Betriebskosten führt. In Bereichen wie der Industrie, der Elektrotechnik und der Forschung spielen diese Messgeräte eine zentrale Rolle bei der Fehlerdiagnose, der Optimierung von Energieverbrauch und der Sicherstellung der Qualität von elektrischen Installationen und Geräten. Daher sind sie unverzichtbar für eine effiziente und zuverlässige Arbeitsweise in modernen elektrischen Systemen.

Phasenverschiebung und Leistungsfaktor

In einem Wechselstromkreis können Spannung und Strom phasenverschoben sein, was bedeutet, dass sie ihre Maximal- und Minimalwerte nicht gleichzeitig erreichen. Die Phasenverschiebung beschreibt den Zeitunterschied zwischen dem maximalen Punkt der Spannung und dem maximalen Punkt des Stroms. Dieser Unterschied wird in Grad angegeben und ist ein entscheidender Faktor, um zu bestimmen, wie effizient ein Stromkreis Energie überträgt.

Ein anschauliches Beispiel für Phasenverschiebung ist der Betrieb eines **induktiven Motors**, der in vielen Industrieanlagen und Haushaltsgeräten zu finden ist.

In einem solchen Motor wird durch die Induktivität (also die Fähigkeit, magnetische Felder zu erzeugen und zu speichern) die **Stromwelle** hinter der **Spannungswelle** zurückgesetzt. Das bedeutet, der Strom erreicht **seinen maximalen Wert** nicht zur gleichen Zeit wie die **Spannung**, sondern verzögert sich etwas hinterher. Diese Phasenverschiebung kann beispielsweise 90 Grad betragen.
Dieser Unterschied beeinflusst die **Leistung** des Motors, da nur der Teil der elektrischen Energie, der in **aktive Leistung** (die tatsächliche Arbeit verrichtet) umgewandelt wird, nützlich ist. Der Teil der Energie, der als **reaktive Leistung** zurück in das Netz fließt, trägt zur Gesamtenergieübertragung bei, aber nicht zur effektiven Arbeit des Motors. Ein hoher Phasenverschiebungswinkel zeigt an, dass der Motor weniger effizient arbeitet und mehr **reaktive Leistung** benötigt, was zu höheren Stromkosten führen kann. Daher wird in solchen Systemen oft ein **Leistungsfaktor-Korrektor** (wie ein Kondensator) eingesetzt, um die Phasenverschiebung zu minimieren und die Energieübertragung zu optimieren.

Die **Phasenverschiebung** tritt auf, wenn der Strom in einem Wechselstromkreis nicht gleichzeitig mit der Spannung seine maximale Amplitude erreicht. Diese Verschiebung führt zu einer Verringerung der Effizienz, da ein Teil der Energie, die durch die Spannung bereitgestellt wird, nicht in nützliche Arbeit umgewandelt wird. Stattdessen wird ein Teil der Energie als **reaktive Leistung** zurück ins System übertragen, ohne eine effektive Arbeit zu leisten. Der **Leistungsfaktor** (cos ϕ) beschreibt den Anteil der tatsächlich genutzten Leistung und gibt an, wie effizient die Energieübertragung in einem Stromkreis ist. Der Leistungsfaktor liegt zwischen 0 und 1. Ein Leistungsfaktor von 1 bedeutet, dass Spannung und Strom in **Phase** sind und die gesamte Energie effizient in Arbeit umgesetzt wird. Ein niedriger Leistungsfaktor hingegen zeigt an, dass ein Teil der Energie in Form von reaktiver Leistung verloren geht, was die Effizienz des Systems beeinträchtigt.

Analyse von Wechselstromschaltungen

Die Analyse von **Wechselstromschaltungen** ist eine wichtige Fähigkeit in der Elektrotechnik, um die Effizienz und Funktionalität eines Systems zu bewerten. Die Analyse umfasst:

- **Phasendiagramme:** Diese Diagramme veranschaulichen die Phasenverschiebung zwischen Spannung und Strom. Sie helfen dabei, die Wechselwirkungen in komplexen Schaltungen zu verstehen und zu visualisieren.
- **Impedanz:** Die Impedanz ist der Wechselstromwiderstand eines Kreises, der nicht nur den Widerstand (R), sondern auch die Auswirkungen von Induktivität (L) und Kapazität (C) berücksichtigt. Die Impedanz wird in Ohm (Ω) gemessen und ist entscheidend für die Bestimmung der Stromstärke und der Phasenverschiebung in einem Wechselstromkreis.

- **Leistungskreis:** Um die Leistung in einem Wechselstromkreis zu berechnen, muss die aktive, reaktive und scheinbare Leistung bekannt sein. Ein Leistungskreis oder ein Leistungsdreieck zeigt die Beziehung zwischen diesen drei Leistungsarten an, wobei die **aktive Leistung** (P) die genutzte Energie darstellt, die **reaktive Leistung** (Q) die nicht genutzte Energie und die **scheinbare Leistung** (S) die Gesamtsumme ist.

Diese Konzepte sind miteinander verbunden und bieten eine vollständige Sicht auf das Verhalten eines Wechselstromsystems. Sie sind unerlässlich, um zu bestimmen, wie effizient das System arbeitet und wie es optimiert werden kann. Ein tiefes Verständnis der Phasendiagramme, Impedanz und Leistungskreise ermöglicht es Ingenieuren, die Leistung eines Systems zu maximieren und gleichzeitig Verluste durch reaktive Energie zu minimieren. Dies ist besonders wichtig in Bereichen, in denen Energieeffizienz und Kostensenkung eine große Rolle spielen, wie in der Industrie, der Energietechnik und der Entwicklung elektronischer Geräte.

Beispiel für die Anwendung der Analyse
Stellen Sie sich vor, Sie haben eine einfache Schaltung mit einer Wechselstromquelle, einem Widerstand, einer Spule und einem Kondensator. Um diese Schaltung zu analysieren, müssen Sie die **Impedanz** berechnen, die aus dem Widerstand, der induktiven Reaktanz (XL) und der kapazitiven Reaktanz (XC) besteht. Dann können Sie die **Phasenverschiebung** und den **Leistungsfaktor** bestimmen, um festzustellen, wie effizient der Stromkreis arbeitet. Ein niedriger Leistungsfaktor würde darauf hindeuten, dass zu viel Energie in Form von Reaktanz verloren geht, was die Schaltung ineffizient macht.

Testen Sie nun Ihr Wissen

1. Was ist der Hauptunterschied zwischen Wechselstrom (AC) und Gleichstrom (DC)?

a) Wechselstrom fließt in eine Richtung, Gleichstrom wechselt die Richtung.

b) Gleichstrom fließt in eine Richtung, Wechselstrom ändert periodisch seine Richtung.

c) Wechselstrom erzeugt keine Spannung, Gleichstrom erzeugt Spannung.

d) Gleichstrom ist stärker als Wechselstrom.

2. Welche Art von Strom wird typischerweise in Haushalten verwendet?

a) Gleichstrom (DC)

b) Wechselstrom (AC)

c) Beide gleichzeitig

d) Keiner von beiden

3. Warum wird Wechselstrom in Stromnetzen bevorzugt?

a) Er ist einfacher zu erzeugen.

b) Er ist leichter über große Entfernungen zu übertragen.

c) Er benötigt keine Umrichter.

d) Er ist sicherer als Gleichstrom.

4. Was bedeutet der Begriff „Phase" in einem Wechselstromkreis?

a) Die Farbe des Stromkabels

b) Der zeitliche Versatz zwischen Strom und Spannung

c) Die Richtung des Stromflusses

d) Die Stärke des Stroms

5. Was passiert, wenn es in einem Wechselstromkreis eine Phasenverschiebung gibt?

a) Strom und Spannung erreichen gleichzeitig ihre Maximalwerte.

b) Strom und Spannung sind nicht mehr synchron.

c) Die Frequenz des Stroms verändert sich.

d) Der Widerstand des Kreises wird null.

6. Welche Rolle spielen Phasen in dreiphasigen Stromsystemen?

a) Sie erhöhen die Stromgeschwindigkeit.

b) Sie sorgen für eine gleichmäßige Verteilung der Leistung.

c) Sie senken die Spannung.

d) Sie verhindern Kurzschlüsse.

7. Was ist der Effektivwert von Wechselstrom?

a) Der maximale Wert des Stroms.

b) Der Durchschnittswert des Stroms.

c) Der Wert, der der gleichen Leistung wie ein Gleichstrom entspricht.

d) Der Wert, der bei null liegt.

8. Wie unterscheidet sich der Spitzenwert von Wechselstrom vom Effektivwert?

a) Der Spitzenwert ist niedriger als der Effektivwert.

b) Der Spitzenwert ist die doppelte Frequenz des Effektivwerts.

c) Der Spitzenwert ist höher als der Effektivwert und gibt das Maximum an.

d) Der Spitzenwert ist immer gleich dem Effektivwert.

9. Welche Einheit wird für die Frequenz von Wechselstrom verwendet?

a) Volt (V)

b) Ampere (A)

c) Ohm (Ω)

d) Hertz (Hz)

10. Welches Messgerät wird verwendet, um die Kurvenform von Wechselstrom darzustellen?

a) Multimeter

b) Oszilloskop

c) Spannungsmesser

d) Widerstandsmesser

11. Was beschreibt der Leistungsfaktor in einem Wechselstromkreis?

a) Das Verhältnis von Spannung zu Strom.

b) Den Winkel zwischen Strom und Spannung.

c) Das Verhältnis der tatsächlich genutzten Leistung zur Gesamtleistung.

d) Die Frequenz des Stroms.

12. Welche Information liefert eine Analyse eines Wechselstromkreises?

a) Die physikalische Länge der Leitung.

b) Die Eigenschaften von Spannung, Strom und Widerstand im Stromkreis.

c) Die Farbe der Leiter.

d) Den Energieverbrauch des Geräts.

Lösungen

1: b; 2: b; 3: b; 4: b; 5: b; 6: b; 7: c; 8: c; 9: d; 10: b; 11: b; 12: b

Kapitel 5: Elektromagnetismus und Induktion

Heutzutage kennen Sie Induktion sicher aus dem Alltag. Vor allem Herde und Küchenöfen, aber auch andere Geräte, insbesondere Küchengeräte, funktionieren per Induktion. Doch was genau ist eigentlich die Physik, die dahintersteht? Haben Sie sich schon einmal näher darüber Gedanken gemacht, warum ein Induktionsherd so funktioniert, wie er funktioniert? In diesem Kapitel lernen Sie alle Details rund um das Thema. Sie erfahren, was ein Magnetfeld ist und welche Eigenschaften magnetische Felder besitzen. Sie werden alles Wissenswerte zum Elektromagnetismus und welche Bedeutung er in unserem Alltag heute hat und zukünftig noch haben kann.

Das Magnetfeld und seine Eigenschaften

Ein Magnetfeld entsteht durch die Bewegung von elektrischen Ladungen. Sie können entweder durch Permanentmagnete oder durch Elektromagnete erzeugt werden. Permanentmagnete, wie sie in Kompassen oder Kühlschrankmagneten verwendet werden, behalten ihr Magnetfeld dauerhaft, da ihre Moleküle in einer festen Ausrichtung verbleiben. Elektromagnete hingegen erzeugen nur ein Magnetfeld, wenn Strom durch eine Spule fließt, und sind besonders praktisch, da sie ein- und ausgeschaltet werden können.

Die Eigenschaften eines Magnetfeldes lassen sich durch Feldlinien darstellen. Diese Linien geben die Richtung und Stärke des Feldes an: Je dichter die Feldlinien beieinanderliegen, desto stärker ist das Magnetfeld an dieser Stelle. Die Linien verlaufen von einem Magnetpol, dem Nordpol, zum anderen Magnetpol, dem Südpol. Magnetfelder spielen eine wichtige Rolle in vielen Anwendungen, von der Ausrichtung von Nadeln in einem Kompass bis hin zur Steuerung von Elektronenstrahlen in Fernsehern oder MRT-Geräten.

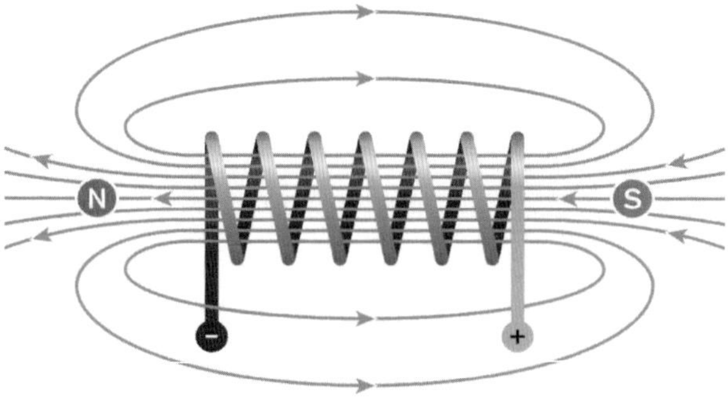

Elektromagnetische Induktion und Faradays Gesetz

Die elektromagnetische Induktion ist eines der bedeutendsten Prinzipien der Elektrotechnik und wurde von Michael Faraday entdeckt. Sie beschreibt, wie elektrische Spannung entsteht, wenn sich ein elektrischer Leiter in einem Magnetfeld bewegt oder wenn sich das Magnetfeld selbst ändert. Faradays Induktionsgesetz besagt, dass die Stärke der erzeugten Spannung von der Geschwindigkeit der Bewegung, der Stärke des Magnetfeldes und der Anzahl der Windungen der Spule abhängt.

Die Stärke der induzierten Spannung wird durch die folgende Formel beschrieben:

$$\varepsilon = -N\frac{d\phi_B}{dt}$$

Dabei ist ε die induzierte Spannung (in Volt), N ist die Anzahl der Windungen der Spule, $\phi_B$ist der magnetische Fluss, der durch die Spule geht (in Weber), $\frac{d\phi_B}{dt}$ ist die zeitliche Änderung des magnetischen Flusses.

Die elektromagnetische Induktion findet in vielen Bereichen der Technik und Industrie bedeutende Anwendungen. Ein prominentes Beispiel ist der **Transformator**, der die elektromagnetische Induktion nutzt, um **Wechselspannungen** zu erhöhen oder zu verringern. In einem Transformator wird ein Magnetfeld durch den Strom in einer **Primärspule** erzeugt, das eine **Sekundärspule** in unmittelbarer Nähe beeinflusst, wodurch eine **induzierte Spannung** erzeugt wird. Diese Technik ist entscheidend für die Verteilung von Strom über lange Strecken, da sie es ermöglicht, die Spannung an unterschiedliche Anforderungen anzupassen.

Ein weiteres Beispiel ist die Nutzung von **Induktionsfeldern und -heizung** in Geräten wie **Induktionsherden** oder **Induktionsöfen**. Hier wird durch die Wechselwirkung eines Magnetfeldes mit einem **Metallobjekt**, etwa einer Pfanne, **wirbelnde Ströme** erzeugt. Diese Ströme führen zu einer erheblichen **Erwärmung** des Metalls, was die Grundlage für Induktionskochfelder ist, die sich durch ihre Effizienz und schnelle Temperaturkontrolle auszeichnen.

Auch in der **drahtlosen Energieübertragung** spielt die elektromagnetische Induktion eine zentrale Rolle. In diesem Bereich wird die Induktion genutzt, um Energie über **Luftspalten** zwischen **Sender** und **Empfänger** zu übertragen. **Induktive Ladestationen** für Smartphones oder Elektroautos arbeiten nach diesem Prinzip, bei dem die Energie von einer **Primärspule** zu einer **Sekundärspule** übertragen wird, ohne dass eine direkte elektrische Verbindung besteht. Diese Technik ermöglicht eine komfortable und sichere Energieübertragung ohne physische Kabel.

Ein bekanntes Beispiel für elektromagnetische Induktion ist der Generator. In einem Generator wird mechanische Energie (z. B. durch eine drehende Turbine) in elektrische Energie umgewandelt. Auch in Induktionsherden findet dieses Prinzip Anwendung: Das Magnetfeld einer Spule induziert Ströme in einer Metallpfanne, wodurch diese erhitzt wird. Die Anwendung der Induktion ermöglicht eine schnelle und präzise Erhitzung ohne direkten Kontakt zwischen der Hitzequelle und dem Kochgeschirr.

Transformatoren und ihre Anwendungen

Transformatoren sind ein essenzielles Bauteil in der Stromversorgung. Sie basieren auf der elektromagnetischen Induktion und ermöglichen die Umwandlung von Spannungen. Ein Transformator besteht aus zwei Spulen, die auf einem gemeinsamen Eisenkern gewickelt sind. Durch eine Wechselspannung in der Primärspule wird ein Magnetfeld erzeugt, das in der Sekundärspule eine Spannung induziert. Abhängig von der Wicklungsanzahl kann diese Spannung erhöht oder verringert werden.

Transformatoren sind unverzichtbar in Stromnetzen, da sie hohe Spannungen für den Ferntransport ermöglichen und diese an Verbrauchsstellen auf sichere Werte reduzieren. Ohne Transformatoren wären moderne Stromnetze ineffizient und unsicher.

Elektromagnetische Verträglichkeit (EMV)

In der heutigen technologischen Welt treten viele Geräte gleichzeitig in Betrieb, was zu elektromagnetischen Störungen führen kann. Die elektromagnetische Verträglichkeit (EMV) sorgt dafür, dass elektronische Geräte störungsfrei funktionieren und keine unerwünschten Signale aussenden. EMV-Maßnahmen umfassen beispielsweise die Abschirmung von Kabeln und Gehäusen, um die Ausbreitung von Störungen zu minimieren.

Die Einhaltung von EMV-Normen ist für alle elektronischen Geräte verpflichtend und wird durch spezielle Tests und Zertifizierungen sichergestellt. Dies gewährleistet, dass Geräte in einem Haushalt oder in industriellen Umgebungen problemlos zusammenarbeiten können, ohne sich gegenseitig zu stören.

Testen Sie nun Ihr Wissen

1. Was beschreibt ein Magnetfeld?

a) Die Bewegung von Atomen.

b) Die Wirkung elektrischer Felder.

c) Den Raum, in dem magnetische Kräfte wirken.

d) Die Ladungen von Elektronen.

2. Was ist der Hauptunterschied zwischen Permanentmagneten und Elektromagneten?

a) Permanentmagnete benötigen Strom, Elektromagnete nicht.

b) Elektromagnete erzeugen Magnetfelder nur bei Stromfluss.

c) Permanentmagnete bestehen aus leitfähigen Materialien.

d) Elektromagnete ziehen keine ferromagnetischen Materialien an.

3. Was besagt Faradays Induktionsgesetz?

a) Ein Magnet erzeugt Spannung nur in geschlossenen Kreisen.

b) Spannung wird durch eine Änderung des magnetischen Flusses induziert.

c) Elektrischer Strom erzeugt ein Magnetfeld.

d) Spannung fließt immer in Richtung des Magnetfelds.

4. Wofür werden Transformatoren verwendet?

a) Zum Erzeugen von Gleichstrom.

b) Zur Speicherung elektrischer Energie.

c) Zum Anpassen von Spannungswerten.

d) Zum Steuern von elektromagnetischen Feldern.

5. Was beschreibt elektromagnetische Verträglichkeit (EMV)?

a) Die Fähigkeit eines Magneten, elektrische Signale zu verstärken.

b) Den Schutz vor elektromagnetischen Störungen.

c) Die Stärke eines Magnetfelds in einem Transformator.

d) Die Wechselwirkung von Elektronen und Protonen.

Lösungen

1: c, 2: b, 3: b, 4: c, 5: b

Kapitel 6: Elektrische Leistung und Energie

Elektrizität ist ein zentraler Bestandteil unseres Alltags, vor allem durch ihre Rolle in der Energieerzeugung und der Versorgung von Geräten, die bislang oft mit fossilen Brennstoffen betrieben werden. Besonders in Bereichen wie der Elektromobilität und der Wärmeerzeugung nimmt die Bedeutung von Elektrizität stetig zu. In diesem Kapitel befassen Sie sich mit den Grundlagen der elektrischen Leistung und Energie. Was ist elektrische Leistung und wie kommt ein Energieverbrauch zustande? Wie gestaltet sich der Aufbau einer einfachen Stromrechnung? Welche wissenswerten Details sollten Sie im Bereich erneuerbare Energie und Elektrotechnik kennen? In diesem sehr praxisorientierten Kapitel werden Sie zahlreiche neue Details und Ideen kennenlernen. Bleiben Sie gespannt und tauchen Sie tief in die Thematik ein.

ELEKTRISCHE LEISTUNGSBERECHNUNGEN

Die elektrische Leistung gibt die Rate an, mit der Energie pro Zeiteinheit umgesetzt wird - sie beschreibt also nicht die gesamte Energie. Diese physikalische Größe wird in Watt (W) gemessen. Die Berechnung für Gleichstromkreise ist einfach:

$$P = U \times I$$

Dabei steht **P** für die Leistung, **U** für die Spannung in Volt und **I** für den Strom in Ampere.

Beispiel:
Ein Wasserkocher, der bei 230 Volt arbeitet und 10 Ampere Strom zieht, hat eine Leistung von P=230·10=2300 W oder 2,3 Kilowatt.
1 Kilowatt entspricht 1000 Watt.

Hinweis: Dieses Beispiel ist eine vereinfachte Darstellung für Gleichstromkreise. In der Realität wird ein Wasserkocher normalerweise mit Wechselstrom (AC) betrieben, was bei der Berechnung der Leistung zusätzliche Überlegungen erfordert, die in einem späteren Abschnitt behandelt werden.

In Wechselstromkreisen wird die Berechnung komplizierter, da die Spannung und der Strom sinusförmig verlaufen und es zu einer Phasenverschiebung zwischen beiden kommen kann. Diese entsteht, weil einige Bauteile wie

Spulen und Kondensatoren Energie speichern und verzögert wieder abgeben. Spulen verursachen eine Verzögerung, sodass der Strom der Spannung "hinterherhinkt", während Kondensatoren dafür sorgen, dass der Strom der Spannung "vorausläuft". Diese Verschiebung entsteht, weil diese Bauteile auf die ständige Änderung des Wechselstroms reagieren. In Kombination mit anderen Bauteilen führt das dazu, dass Spannung und Strom nicht immer gleichzeitig ihren Höchstwert erreichen, was die Berechnung der Leistung komplizierter macht.

Sinusförmig bedeutet, dass etwas einer regelmäßigen, wellenförmigen Bewegung folgt, ähnlich wie die Wellenlinie einer Sinuskurve, die aus der Mathematik bekannt ist.

Bei Wechselstrom (AC) beschreibt "sinusförmig", dass Spannung und Strom im Rhythmus einer Sinuskurve stetig zwischen positiven und negativen Werten schwingen. Das passiert typischerweise mit einer bestimmten Frequenz, z. B. 50 Hz in Europa, was bedeutet, dass die Welle 50-mal pro Sekunde ihre Form wiederholt.

Einfach gesagt: Der Strom fließt nicht gleichmäßig wie bei Gleichstrom, sondern "schwingt" hin und her.

Deshalb wird hier zwischen verschiedenen Arten von Leistung unterschieden:

- **Wirkleistung (P):** Die tatsächlich nutzbare Leistung, die in Wärme, Licht oder mechanische Arbeit umgesetzt wird. Sie ist die **Leistung**, die für den praktischen Betrieb von Geräten zur Verfügung steht.

- **Blindleistung (Q):** Leistung, die zwischen der Energiequelle und dem Verbraucher hin- und herpendelt, ohne tatsächlich Arbeit zu leisten.

- **Scheinleistung (S):** Die Scheinleistung ist der Gesamtbetrag der Leistung, die ein Wechselstromkreis aufnimmt. Sie setzt sich aus der **Wirkleistung (P)**, die in nutzbare Energie umgesetzt wird, und der **Blindleistung (Q)**, die zwischen den Bauteilen hin- und herpendelt, zusammen. Da Wirkleistung und Blindleistung nicht direkt addiert werden können, handelt es sich um eine **geometrische Summe** – sie werden als Vektoren betrachtet, die im rechten Winkel zueinander stehen. Die Scheinleistung ist also der "Hypotenusenvektor" im Leistungsdreieck, dessen Komponenten Wirkleistung und Blindleistung darstellen.

Diese drei Größen lassen sich mithilfe des **Leistungsdreiecks** grafisch darstellen. Das soll das Verhältnis der Leistungen zueinander verdeutlichen. Der **Leistungsfaktor**, der das Verhältnis von Wirkleistung zu Scheinleistung beschreibt, ist ein wichtiger Indikator für die Effizienz elektrischer Geräte. Je näher er bei 1 liegt, desto effizienter ist das System.

Beispiel:
Ein Elektromotor hat eine Scheinleistung von **1000 VA**, eine Wirkleistung von **800 W** und eine Blindleistung von **600 Var**. Mithilfe des Leistungsdreiecks lässt sich folgendes Verhältnis darstellen:

- Die Scheinleistung (S = 1000 VA) ist die resultierende Gesamtleistung.
- Die Wirkleistung (P = 800 W) ist die tatsächlich nutzbare Leistung, die in Arbeit umgesetzt wird.
- Die Blindleistung (Q = 600 Var) ist die Leistung, die ständig zwischen den Bauteilen hin- und herfließt.

Das Verhältnis von Wirkleistung (P) zur Scheinleistung (S) ergibt den **Leistungsfaktor**:

$$Leistungsfaktor = \frac{P}{S}$$

$$Leistungsfaktor = \frac{800}{1000}$$

$$Leistungsfaktor = 0{,}8$$

Das bedeutet, dass 80 % der zugeführten Leistung tatsächlich genutzt werden, während 20 % durch Blindleistung "verlorengehen" (also nicht in Arbeit umgesetzt werden). Je näher der Leistungsfaktor bei **1** liegt, desto effizienter ist das Gerät, da weniger Blindleistung im System vorhanden ist.

Energieverbrauch und Effizienz

Der Energieverbrauch in Kilowattstunden (kWh) gibt an, wie viel elektrische Energie ein Gerät in einer bestimmten Zeitspanne verbraucht. Die Formel lautet:

$$Energieverbrauch\ (kWh) = Leistung\ (kW) \times Zeit(h)$$

Ein Kühlschrank mit einer Leistung von 150 Watt (0,15 kW), der 24 Stunden am Tag mit voller Leistung läuft, verbraucht also:

$$0{,}15kW \times 24h = 3{,}6kWh$$

Wichtig: Dies ist ein **theoretischer Verbrauch**, da ein Kühlschrank in der Praxis nicht ständig mit voller Leistung arbeitet. Der Kompressor schaltet sich nur ein, wenn die Temperatur im Inneren steigt (z. B. nach dem Öffnen der Tür oder bei hohen Umgebungstemperaturen). Der tatsächliche Energieverbrauch liegt daher in der Regel deutlich unter diesem Wert und hängt auch von Faktoren wie der Energieeffizienzklasse und den Nutzungsbedingungen ab.

Die Energieeffizienz eines Haushalts oder Betriebs kann durch verschiedene Maßnahmen erheblich gesteigert werden, sodass weniger Energie für den gleichen Nutzen benötigt wird. Eine der wichtigsten Maßnahmen ist die Nutzung energieeffizienter Geräte wie moderne Kühlschränke, Waschmaschinen oder Geschirrspüler, die im Vergleich zu älteren Modellen deutlich weniger Strom verbrauchen. Auch die Verbesserung der Gebäudedämmung spielt eine große Rolle, da eine gute Dämmung von Wänden, Dach und Fenstern den Wärmeverlust reduziert und somit den Heizbedarf senkt. Darüber hinaus tragen moderne Heizsysteme, wie Wärmepumpen oder effiziente Gasbrennwertheizungen, zu einer erheblichen Einsparung von Energie bei. Auch die Installation smarter Thermostate ermöglicht eine noch gezieltere Steuerung des Energieverbrauchs.

Ein weiteres Beispiel sind LED-Lampen, die im Vergleich zu herkömmlichen Glühbirnen bis zu 80 % weniger Energie verbrauchen, da sie weniger Wärme erzeugen und mehr Licht pro Watt liefern. Zudem haben sie eine längere Lebensdauer, was sowohl die Umwelt als auch den Geldbeutel schont. Durch einfache Verhaltensänderungen, wie das Ausschalten von Geräten im Standby-Modus oder die Nutzung von Energiesparmodi, kann der Stromverbrauch ebenfalls erheblich gesenkt werden. Auch das Vermeiden unnötiger Beleuchtung oder das Reduzieren der Heiztemperatur in weniger genutzten Räumen trägt zur Energieeinsparung bei.

Weitere Möglichkeiten zur Effizienzsteigerung bestehen in der Nutzung wassersparender Duschköpfe und Armaturen, die nicht nur den Wasserverbrauch, sondern auch den Energieaufwand für die Warmwasserbereitung senken. Auch bei der Kühlung von Räumen können durch den Einsatz von Ventilatoren statt Klimaanlagen Stromkosten gesenkt werden. Regelmäßiges Stoßlüften anstelle des Dauerkippen von Fenstern trägt ebenfalls dazu bei, die Heizkosten zu senken.

Die Nutzung erneuerbarer Energien, wie Solarstrom durch Photovoltaikanlagen, ist eine weitere Möglichkeit, den verbleibenden Energiebedarf umweltfreundlicher zu decken. All diese Maßnahmen zur Steigerung der Energieeffizienz sind nicht nur vorteilhaft für den Geldbeutel, sondern leisten auch einen wichtigen Beitrag zum Umweltschutz.

Stromrechnungen und Tarife

- Die Stromrechnung setzt sich in der Regel aus den folgenden drei Hauptkomponenten zusammen: dem **Grundpreis**, der unabhängig vom Verbrauch anfällt.
- Dem **Arbeitspreis**, der pro verbrauchte Kilowattstunde berechnet wird.
- Steuern und Abgaben, wie die EEG-Umlage (in Deutschland) oder Netzgebühren.

Steuern und Abgaben wie die EEG-Umlage und Netzgebühren sind Bestandteil des Strompreismodells und beeinflussen die Stromrechnung direkt. Die **EEG-Umlage** wird erhoben, um den Ausbau erneuerbarer Energien zu finanzieren, da die Produktion von grünem Strom oft teurer ist als die aus fossilen Quellen. Sie hilft, die Differenz zu decken und den Übergang zu nachhaltiger Energie zu unterstützen. **Netzgebühren** sind notwendig, um das Stromnetz zu betreiben und zu warten, damit der Strom sicher zu den Verbrauchern transportiert werden kann. Beide Abgaben machen einen großen Teil der Stromkosten aus und führen dazu, dass der Strompreis für den Endverbraucher höher ist. Sie sind notwendig für die Energiewende und den Betrieb der Infrastruktur, was sich jedoch auf die Stromrechnung auswirkt.

Beispiel:
Ein Haushalt mit einem Jahresverbrauch von 3500 kWh zahlt bei einem Arbeitspreis von 30 Cent pro kWh und einem Grundpreis von 120 Euro im Jahr folgende Kosten:

$$Jahreskosten = \left(3500kWh \times \frac{0{,}30€}{kWh}\right) + 120€ = 1170€$$

Wichtig: **Steuern und Abgaben**, wie die EEG-Umlage oder Netzgebühren, sind in dieser Berechnung nicht berücksichtigt und können den Preis weiter erhöhen.

Verschiedene Tarife wie Nachtstrom, zeitabhängige Tarife oder Flatrates ermöglichen eine flexible Abrechnung. Verbraucher sollten regelmäßig ihre Verträge prüfen und gegebenenfalls den Anbieter wechseln, um Kosten zu sparen. Smart Meter, also intelligente Stromzähler, helfen dabei, den Energieverbrauch genau zu überwachen.

Hier ist eine kurze tabellarische Übersicht über verschiedene Tarifarten und deren Merkmale:

Tarifart	**Beschreibung**	**Vorteil**
Nachtstromtarif	Günstiger Strompreis während der Nachtstunden (meist zwischen 22:00 und 6:00 Uhr).	Ideal für Haushalte, die hauptsächlich nachts Energie verbrauchen (z. B. für Heizung oder Waschen).
Zeitabhängige Tarife	Strompreise variieren je nach Tageszeit, z. B. günstigere Preise während der Nacht und teurere Preise tagsüber.	Flexibilität, um den Verbrauch an günstigeren Zeiten zu konzentrieren.
Flatrate-Tarif	Fester monatlicher Betrag unabhängig vom tatsächlichen Stromverbrauch.	Planbare Kosten, besonders vorteilhaft bei hohem oder konstantem Verbrauch.
Arbeitspreis + Grundpreis	Kombination aus einem festen monatlichen Grundpreis und einem variablen Arbeitspreis pro verbrauchter kWh.	Günstig für Haushalte mit regelmäßigem Verbrauch, da der Grundpreis niedrig gehalten werden kann.

Jeder Tarif hat seine Vorteile, je nach Verbrauchsgewohnheiten und Bedarf an Flexibilität.

Es ist sinnvoll, Stromverträge regelmäßig zu überprüfen, weil sich die Tarife und Konditionen der Anbieter oft ändern können. Anbieter passen ihre Preise an die Marktentwicklung an, und es können neue, günstigere Angebote oder spezielle Rabattaktionen verfügbar werden. Wenn Verbraucher ihren Vertrag nicht regelmäßig hinterfragen, laufen sie Gefahr, mehr zu bezahlen, als nötig ist. Zudem können sich der persönliche Energieverbrauch oder die Lebensumstände ändern, was ebenfalls einen Wechsel zu einem anderen Tarif oder Anbieter sinnvoll machen kann. Ein regelmäßiger Vergleich hilft, Kosten zu senken und immer den optimalen Tarif für den eigenen Verbrauch zu wählen.

Sie messen den Stromverbrauch in Echtzeit und übermitteln den Verbrauch automatisch an den Anbieter. Sie ermöglichen es den Verbrauchern, ihren Energieverbrauch besser zu überwachen und bei Bedarf Maßnahmen zur Reduzierung zu ergreifen.

Erneuerbare Energien und Elektrotechnik

Erneuerbare Energien gewinnen immer mehr an Bedeutung, da sie eine saubere und nachhaltige Alternative zu fossilen Brennstoffen darstellen. Sie nutzen natürliche Ressourcen wie Sonnenlicht, Wind, Wasser und Erdwärme, die im Gegensatz zu fossilen Brennstoffen nicht nur unerschöpflich sind, sondern auch keine schädlichen Treibhausgase wie CO_2 freisetzen. Dies ist besonders wichtig im Kontext des Klimawandels, da die Verbrennung fossiler Brennstoffe maßgeblich zur Erderwärmung beiträgt. Durch den verstärkten Einsatz erneuerbarer Energien kann der Ausstoß von Treibhausgasen verringert, die Klimaerwärmung gebremst und ein wesentlicher Beitrag zur Bekämpfung des Klimawandels geleistet werden.

- **Solarenergie:** Photovoltaikanlagen wandeln Sonnenlicht direkt in Strom um. Diese Technologie ist besonders geeignet für den Einsatz auf Dächern und in Gebieten mit viel Sonneneinstrahlung.
- **Windenergie:** Windkraftanlagen erzeugen Strom aus der kinetischen Energie des Windes. Diese Technologie wird vor allem in windreichen Regionen eingesetzt.
- **Wasserkraft:** Durch den Einsatz von Turbinen in Flüssen oder Stauseen wird elektrische Energie gewonnen. Diese Technologie kann sowohl für große Kraftwerke als auch für kleine, dezentrale Anlagen genutzt werden.

Eine Herausforderung bei der Nutzung erneuerbarer Energien ist ihre Integration in das Stromnetz, da Sonne und Wind nicht ständig verfügbar sind. Speicherlösungen wie Batterien oder Pumpspeicherkraftwerke spielen eine entscheidende Rolle, um die Energieversorgung zu stabilisieren.

Moderne Elektrotechnik bildet das Fundament für zahlreiche Innovationen, die die Energiewende unterstützen. Sie bietet die Grundlage für innovative Technologien wie elektrische Fahrzeuge, smarte Stromnetze und effiziente Speichertechnologien, die die Energiewende vorantreiben.

TESTEN SIE NUN IHR WISSEN

1. Wie wird elektrische Leistung in einem Gleichstromkreis berechnet?

a) $P = U \times I$

b) $P = I^2 \times R$

c) $P = \frac{U^2}{R}$

d) Alle Antworten sind korrekt

2. Was beschreibt der Leistungsfaktor?

a) Das Verhältnis von Spannung zu Strom

b) Das Verhältnis von Wirkleistung zu Scheinleistung

c) Das Verhältnis von Blindleistung zu Scheinleistung

d) Die maximale Leistung eines Geräts

3. Wie viel Energie verbraucht ein Gerät mit 2 kW Leistung, das 5 Stunden läuft?

e) 2,5 kWh

f) 5 kWh

g) 10 kWh

h) 20 kWh

4. Welche Komponente ist nicht Teil einer Stromrechnung?

a) Grundpreis

b) Arbeitspreis

c) Energieeffizienzklasse

d) Steuern

5. Welcher Vorteil zeichnet erneuerbare Energien aus?

a) Unbegrenzte Verfügbarkeit

b) Geringere Umweltbelastung

c) Reduktion fossiler Brennstoffe

d) Alle genannten Vorteile

6. Welche Energiequelle gehört zu den erneuerbaren Energien?

a) Kohle

b) Solarenergie

c) Erdöl

d) Erdgas

7. Welche Maßnahme hilft, Stromkosten zu senken?

a) Standby-Modus aktivieren

b) Regelmäßiges Anbieterwechseln

c) Nutzung ineffizienter Geräte

d) Mehr Geräte gleichzeitig nutzen

8. Was ist ein Smart Meter?

a) Ein Gerät zur Steuerung von Stromnetzen

b) Ein intelligenter Stromzähler zur Überwachung des Verbrauchs

c) Eine Alternative zu herkömmlichen Energiequellen

d) Ein Gerät zur Erzeugung von Strom

Lösungen:

1: d, 2: b, 3: c, 4: c, 5: d, 6: b, 7: b, 8: b

Kapitel 7: Elektrische Schaltungen und Netzwerke

Wer sich tiefgehend mit der Elektrotechnik befassen möchte, muss einen Blick in elektrische Schaltungen und Netzwerke werfen. Hier geht es um tiefergehende Physik. Haben Sie schon einmal vom Kirchhoffschen Gesetz gehört? Wissen Sie, wie elektrische Schaltungen gesteuert und geschützt werden? Und kennen Sie elektrische Messtechnik und deren Instrumente? Auch wenn Sie alle diese Fragen mit Nein beantworten - die kommenden Kapitel werden für Aufklärung sorgen.

Serienschaltungen und Parallelschaltungen

Wie funktionieren eigentlich Weihnachtslichter oder Steckdosen? In der Elektrotechnik gibt es zwei grundlegende Arten von Schaltungen, in denen elektrische Bauteile wie Widerstände, Lampen oder Batterien miteinander verbunden werden können: die **Serienschaltung** und die **Parallelschaltung**.

Stellen Sie sich vor, Sie bauen eine Brücke über einen Fluss. In einer Serienschaltung verbinden Sie die Bauteile wie Steine, die hintereinander in einer Linie liegen – wie eine Kette, die ein Hindernis überwinden soll. Sie unterscheiden sich in der Verbindung der Bauteile und beeinflussen Strom, Spannung und Widerstand unterschiedlich. Dieser Abschnitt erklärt die Eigenschaften von Serien- und Parallelschaltungen, zeigt, wie Gesamtwiderstand und Gesamtstrom berechnet werden, und stellt typische Alltagsanwendungen vor. Bei einer **Serienschaltung** werden die Bauteile hintereinander, also „in Reihe", geschaltet, sie sind demnach wie die Glieder einer Kette miteinander verbunden. Der Strom, der durch das erste Bauteil fließt, muss auch durch das zweite und alle weiteren Bauteile fließen. In einer Serienschaltung ist der **Strom** an allen Bauteilen gleich, aber die Spannung verteilt sich auf die einzelnen Bauteile und fällt an jedem Teilstück ab.

Stellen Sie sich vor, Sie bauen eine Brücke über einen Fluss. In einer Serienschaltung verbinden Sie die Bauteile wie Steine, die hintereinander in einer Linie liegen – wie eine Kette, die ein Hindernis überwinden soll. In dieser Schaltung muss der Strom durch jedes einzelne Bauteil fließen, ähnlich wie ein Strom von Wasser, das von einem Stein zum nächsten fließt. Der Strom ist überall gleich, doch die Spannung wird auf jedem Bauteil verteilt, wie das Wasser, das sich auf jedem Stein niederlässt.

Beispiel aus dem Alltag:
Stellen Sie sich vor, Sie haben eine Kette von **Lichtern** für einen Weihnachtsbaum. Wenn Sie die Lichter in Serie schalten, fließt der gleiche Strom durch alle Lichter. Wenn eines der Lichter kaputt geht, unterbricht es den gesamten Stromkreis, und alle Lichter gehen aus. Das ist der typische Nachteil der Serienschaltung – fällt ein Bauteil aus, funktioniert der ganze Stromkreis nicht mehr.

In einer Serienschaltung wird der **Gesamtwiderstand** durch die Summe der Einzelwiderstände der Bauteile bestimmt. Das bedeutet, je mehr Bauteile in Serie geschaltet werden, desto höher wird der Gesamtwiderstand des Kreises. Dies kann dazu führen, dass weniger Strom durch den gesamten Stromkreis fließt.

Berechnung des Gesamtwiderstands in der Serienschaltung:
Der Gesamtwiderstand (R_{ges}) berechnet sich durch die Addition der Einzelwiderstände ($R_{ges} = R_1 + R_2 + R_3$).

Angenommen, in einer Serienschaltung befinden sich drei Widerstände mit den Werten 5 Ω, 10 Ω und 15 Ω. In diesem Fall sähe die Formel wie folgt aus:

$$R_{ges} = R_1 + R_2 + R_3$$

$$R_{ges} = 5\Omega + 10\Omega + 15\Omega$$

$$R_{ges} = 30\Omega$$

Wenn die Spannung bekannt ist, kann der Gesamtstrom berechnet werden, der durch die Schaltung fließt.

Bei einer Parallelschaltung sind die Bauteile wie mehrere Spuren auf einer Straße nebeneinander angeordnet. Es ist so, als ob Sie mehrere Straßen nebeneinander bauen, durch die der Verkehr, also der Strom, gleichzeitig fließen kann. Die Bauteile sind wie Spuren auf einer Straße, die sich die gleiche Strecke teilen, aber unabhängig voneinander arbeiten. Die Spannung bleibt gleich für jedes Bauteil, aber der Strom teilt sich auf, je nach Widerstand – wie Autos, die je nach Fahrzeugtyp unterschiedliche Geschwindigkeiten auf der gleichen Straße fahren.

In dieser Schaltung erhält jedes Bauteil die gleiche **Spannung**, aber der **Strom** wird aufgeteilt, abhängig vom Widerstand der Bauteile. Ein Bauteil mit einem niedrigeren Widerstand zieht mehr Strom als ein Bauteil mit höherem Widerstand.

Beispiel:
Ein Beispiel aus dem Alltag ist die **Stromversorgung von Haushaltsgeräten**. Bei einer Steckdose erhalten mehrere angeschlossene Geräte (wie ein Fernseher, eine Lampe und ein Kühlschrank) die gleiche Spannung (z. B. 230 V), aber der Strom teilt sich je nach dem Strombedarf jedes Geräts auf. Wenn ein Gerät ausfällt, können die anderen trotzdem weiter betrieben werden, was den Vorteil der Parallelschaltung ausmacht. Das heißt, Fernseher, Lampe und Kühlschrank erhalten gleichzeitig die gleiche Spannung.

Der **Gesamtwiderstand** einer Parallelschaltung ist immer kleiner als der kleinste Einzelwiderstand. Dies liegt daran, dass die Ströme durch die verschiedenen Zweige sich addieren, wodurch der Gesamtwiderstand sinkt.

Angenommen, es sind wieder drei Widerstände von 5 Ω, 10 Ω und 15 Ω, aber dieses Mal sind sie parallel geschaltet. In der Parallelschaltung berechnet sich der Gesamtwiderstand mit Kehrwerten:

$$\frac{1}{R_{ges}} = \frac{1}{R_1} + \frac{1}{R_2} + \frac{1}{R_3}$$

$$\frac{1}{R_{ges}} = \frac{1}{5} + \frac{1}{10} + \frac{1}{15}$$

$$\frac{1}{R_{ges}} = 0{,}2 + 0{,}1 + 0{,}0667$$

$$\frac{1}{R_{ges}} = 0{,}3667$$

$$R_{ges} = \frac{1}{0{,}3667}$$

$$R_{ges} \approx 2{,}73\Omega$$

In der Parallelschaltung wird der Gesamtwiderstand immer kleiner als der kleinste Einzelwiderstand. Das bedeutet, dass der Gesamtstrom größer sein kann, als wenn alle Bauteile in Serie geschaltet wären.

Wie bereits erklärt, ist der Gesamtwiderstand einer Serienschaltung die einfache Summe der Widerstände der einzelnen Bauteile. Dies gilt auch für praktisch alle Anwendungen, bei denen Bauteile hintereinander geschaltet sind. Der Gesamtwiderstand wächst mit jedem zusätzlichen Bauteil.

Für die Parallelschaltung ist die Berechnung des Gesamtwiderstands ein wenig komplexer. Hier werden die Kehrwerte der Einzelwiderstände addiert und dann der Kehrwert des Ergebnisses berechnet. Dies führt zu einem Gesamtwiderstand, der kleiner ist als der kleinste Einzelwiderstand.

Der Gesamtstrom in einer Schaltung kann unter Verwendung des **Ohm'schen Gesetzes** berechnet werden:

$$I = \frac{U}{R}$$

Dabei ist *I* der Gesamtstrom, *U* die angelegte Spannung und *R* der Gesamtwiderstand.

Beispiel:
Angenommen, es liegt eine Spannung von 12 V an einer Serienschaltung mit einem Gesamtwiderstand von 30 Ω an. Der Gesamtstrom in dieser Schaltung ist:

$$I = \frac{12V}{30\Omega}$$

$$I = 0{,}4\ A$$

Serienschaltungen kommen oft in Situationen vor, in denen eine konstante Stromstärke benötigt wird, die durch alle Bauteile gleich bleibt. Ein gutes Beispiel dafür sind **Weihnachtsbaumlichter**. Wenn Sie die Lichter in Serie schalten, fließt der gleiche Strom durch alle Lichter, und die Spannung verteilt sich gleichmäßig. Wenn jedoch ein Licht ausfällt, wird der gesamte Stromkreis unterbrochen, und alle Lichter gehen aus. Ein weiteres Beispiel für Serienschaltungen sind **Batterien in Taschenlampen**. Wenn mehrere Batterien in Serie geschaltet werden, erhöht sich die Spannung, was notwendig sein kann, um die Lampe mit genügend Energie zu versorgen.

Parallelschaltungen sind in den meisten Haushaltsstromkreisen zu finden. Ein Beispiel ist der Stromkreis in einem Haus: Alle Steckdosen sind in der Regel parallel geschaltet, sodass jedes Gerät, das an eine Steckdose angeschlossen wird, die gleiche Spannung erhält. Das bedeutet, dass ein Gerät auch dann weiterhin funktioniert, wenn ein anderes Gerät ausfällt oder ausgeschaltet wird. **Haushaltsgeräte** wie Kühlschränke, Fernseher und Computer sind Beispiele für Geräte, die mit parallelen Stromkreisen verbunden sind, um eine gleichbleibende Spannung zu gewährleisten.

Ein weiteres Beispiel ist die **Parallelschaltung von Batterien** in einer **Powerbank**. Wenn mehrere Batterien parallel geschaltet werden, erhöht sich die Kapazität (die Energie, die gespeichert werden kann), während die Spannung gleich bleibt. So können Geräte über längere Zeiträume mit ausreichend Energie versorgt werden.

Kirchhoffs Gesetze und Netzwerkanalyse

Kirchhoffs Gesetze bilden die Grundlage für die Analyse elektrischer Schaltungen. Sie beschreiben, wie sich elektrische Ströme und Spannungen in Schaltungen verhalten und ermöglichen die Berechnung unbekannter Größen. Die Gesetze eignen sich besonders für die Untersuchung komplexer Netzwerke mit mehreren Verzweigungen und Bauteilen.

Kirchhoffs Gesetze setzen sich aus zwei grundlegenden Prinzipien zusammen: Das **Stromgesetz** (Knotenregel) besagt, dass die Summe aller Ströme, die in einen Knotenpunkt einer elektrischen Schaltung hineinfließen, gleich der Summe der Ströme ist, die aus dem Knotenpunkt herausfließen:

$$\sum I_{ein} = \sum I_{aus}$$

Dieses Gesetz basiert auf dem Prinzip der Ladungserhaltung: An einem Knotenpunkt einer Schaltung kann keine Ladung verloren gehen oder entstehen.

Beispiel:
Eine Wasserleitung mit mehreren Zu- und Abflüssen verhält sich ähnlich wie ein Knotenpunkt in einer Schaltung. Das Wasser, das durch die Zu- und Ableitungen fließt, muss in der Menge ausgeglichen sein, sodass kein „Wasserverlust" entsteht. Elektrischer Strom folgt denselben Prinzipien.

Das **Spannungsgesetz** (Maschenregel) besagt, dass in einer geschlossenen Schleife (Masche) die Summe aller Spannungen gleich null ist. Dabei werden Spannungsquellen und Spannungsabfälle an Bauteilen wie Widerständen berücksichtigt:

$$\sum U = 0$$

Dieses Gesetz basiert auf der Energieerhaltung: Die in einer Masche durch Spannungsquellen bereitgestellte Energie wird vollständig in den Bauteilen der Schleife verbraucht.

Beispiel:
Eine Achterbahn liefert ein anschauliches Bild. Die Energie, die der Wagen durch den Antrieb (Spannungsquelle) gewinnt, wird während der Fahrt vollständig in Bewegungsenergie und potenzielle Energie umgesetzt, bis der Wagen wieder am Ausgangspunkt angekommen ist.

Kirchhoffs Gesetze finden breite Anwendung in der Elektrotechnik, insbesondere bei der Analyse von Schaltungen mit mehreren Knoten und Schleifen. Sie helfen dabei, unbekannte Größen wie Ströme und Spannungen in Schaltungen zu berechnen und die Funktionsweise komplexer Netzwerke zu verstehen.

Beispielanwendungen:
Verzweigte Schaltungen: In Schaltungen mit mehreren Zweigen kann Kirchhoffs Stromgesetz verwendet werden, um die Ströme in den verschiedenen Zweigen zu bestimmen.
Praxis: In einem Haushalt, in dem mehrere Geräte gleichzeitig an einer Mehrfachsteckdose betrieben werden, erklärt das Stromgesetz, wie sich der Gesamtstrom der Steckdose auf die einzelnen Geräte verteilt.

Maschenschaltungen: In Netzwerken mit mehreren geschlossenen Schleifen bietet Kirchhoffs Spannungsgesetz die Möglichkeit, die Spannungsverteilung in der Schaltung zu analysieren.
Praxis: Ein Auto mit mehreren elektrischen Verbrauchern wie Scheinwerfern, Radio und Lüftung stellt ein solches Netzwerk dar. Kirchhoffs Spannungsgesetz beschreibt, wie sich die Bordnetzspannung auf die einzelnen Verbraucher verteilt.

Lösung von Schaltungen mit Kirchhoffs Gesetzen
Zur Lösung einer Schaltung mithilfe von Kirchhoffs Gesetzen sind systematische Schritte erforderlich:

1. **Zunächst müssen Sie einen Schaltplan erstellen**. Alle Bauteile der Schaltung werden eingezeichnet, und Ströme sowie Spannungen werden mit Symbolen gekennzeichnet.

2. **Im Anschluss geht es darum, Knoten und Maschen zu identifizieren.** Die Knoten und geschlossenen Schleifen in der Schaltung werden markiert.

3. **Im nächsten Schritt stellen Sie die entsprechenden Gleichungen auf.** Für jeden Knoten wird eine Gleichung nach dem Stromgesetz und für jede Masche eine Gleichung nach dem Spannungsgesetz aufgestellt.

4. **Abschließend können Sie dann die Unbekannte berechnen.** Die aufgestellten Gleichungen werden mathematisch gelöst, um Ströme und Spannungen zu berechnen.

Beispiel: Eine einfache Serienschaltung
Eine Schaltung besteht aus einer Spannungsquelle von 12 Volt und zwei Widerständen ($R_1 = 4\Omega, R_2 = 6\Omega$), die in Serie geschaltet sind.
Gesamtwiderstand berechnen:

$$R_{ges} = R1 + R2 =$$

$$R_{ges} = 4\,\Omega + 6\,\Omega$$

$$R_{ges} = 10\,\Omega$$

Gesamtstrom berechnen:
Nach dem Ohm'schen Gesetz:

$$I_{ges} = \frac{U}{R}$$

$$I_{ges} = \frac{12V}{10\,\Omega}$$

$$I_{ges} = 1{,}2\,A$$

Spannung an den Widerständen:
Die Spannung an den Widerständen ergibt sich durch Multiplikation des Stroms mit dem jeweiligen Widerstand:

$$U_1 = I \cdot R_1$$

$$U_1 = 1{,}2\,A \cdot 4\,\Omega$$

$$U_1 = 4{,}8\,V$$

$$U_2 = I \cdot R_2$$

$$U_2 = 1{,}2\,A \cdot 6\,\Omega$$

$$U_2 = 7{,}2\,V$$

Die Summe der Spannungen ($U_1 + U_2$) entspricht der Gesamtspannung von 12 Volt.[1]

In einer Parallelschaltung mit drei Widerständen ($R_1 = 10\Omega, R_2 = 20\Omega, R_3 = 30\Omega$) teilt sich der Strom auf die einzelnen Zweige auf. Kirchhoffs Stromgesetz liefert hier die Gleichungen, die die Teilströme beschreiben. Kirchhoffs Spannungsgesetz zeigt, dass die Spannung an allen drei Widerständen gleich ist.

Steuerung und Schutz von elektrischen Schaltungen

Elektrische Schaltungen spielen eine entscheidende Rolle im Alltag - von Haushaltsgeräten bis hin zu industriellen Anlagen. Damit diese Schaltungen sicher und zuverlässig arbeiten, sind Schutzmaßnahmen und Steuerungen notwendig. Diese sorgen nicht nur dafür, dass Geräte vor Schäden bewahrt werden, sondern schützen auch Menschen vor Gefahren durch Strom. Dieser Abschnitt erklärt die wichtigsten Konzepte rund um den Schutz und die Steuerung elektrischer Schaltungen verständlich und mit Beispielen aus dem Alltag.

Der Schutz vor Fehlerströmen ist besonders wichtig, da elektrische Ströme lebensgefährlich sein können, wenn sie durch den menschlichen Körper fließen. Fehlerstromschutzschaltungen sind eine zentrale Maßnahme zur Vermeidung von Stromunfällen.

Ein **Fehlerstromschutz-Schalter (FI-Schalter)** erkennt, wenn ein Teil des Stroms aus dem Stromkreis „entweicht", beispielsweise durch eine beschädigte Leitung oder wenn eine Person mit einem stromführenden Bauteil in Kontakt kommt. In solchen Fällen unterbricht der FI-Schalter den Stromkreis innerhalb von Millisekunden.

Beispiel:
Wenn Wasser auf eine defekte Kaffeemaschine läuft und dadurch Strom in das Gehäuse gelangt, schaltet der FI-Schalter den Strom ab, bevor jemand zu Schaden kommt.

Geräte mit Metallgehäusen, wie Waschmaschinen oder Herde, sind geerdet, damit im Falle eines Defekts kein gefährlicher Strom auf das Gehäuse gelangen kann. Die **Erdung** leitet den Strom sicher in die Erde ab.

Beispiel:
Sollte bei einer Waschmaschine ein internes Kabel durchscheuern und das Gehäuse berühren, würde die Erdung den Strom abführen, statt dass das Gehäuse unter Spannung steht.

In elektronischen Schaltungen kommen oft **Schutzdioden** oder andere Bauteile zum Einsatz, die verhindern, dass Bauteile durch falsche Spannungen oder Ströme beschädigt werden.

Beispiel:
In einem Laptop schützt eine Schutzdiode die empfindliche Elektronik vor Spannungsspitzen durch ein fehlerhaftes Ladegerät.

Neben Schutzmaßnahmen ist die Steuerung elektrischer Schaltungen eine weitere wichtige Aufgabe. Sie ermöglicht es, elektrische Geräte gezielt ein- und auszuschalten oder automatisch auf bestimmte Zustände zu reagieren. Dabei spielen Relais, Schalter und Steuergeräte eine entscheidende Rolle.

Ein **Relais** ist ein elektrisch gesteuerter Schalter, der hohe Ströme oder Spannungen sicher schalten kann, während die Steuerung durch einen kleinen Strom erfolgt. Relais kommen in vielen Anwendungen vor, da sie eine einfache und zuverlässige Steuerung ermöglichen.

Beispiel:
Beim Starten eines Autos sorgt ein Relais dafür, dass der kleine Strom vom Zündschlüssel den viel größeren Strom für den Anlasser schaltet. Ohne ein Relais müsste der Zündschlüssel direkt den gesamten Anlasserstrom leiten.

Zeitschalter sind Geräte, die elektrische Schaltungen nach einer bestimmten Zeit ein- oder ausschalten. Sie ermöglichen automatisierte Steuerungen.

Beispiel:
Eine Treppenhausbeleuchtung, die sich nach einigen Minuten automatisch ausschaltet, verwendet einen Zeitschalter.

Moderne Schaltungen nutzen **Sensoren**, um Umweltbedingungen wie Temperatur, Licht oder Bewegung zu messen, und **Aktoren**, um darauf zu reagieren.

Beispiel:
In einer automatischen Tür sorgt ein Bewegungssensor dafür, dass die Tür sich öffnet, wenn sich jemand nähert, und ein Motor (Aktor) führt die Bewegung aus.

Intelligente Steuerungssysteme wie Smart-Home-Lösungen integrieren viele Funktionen in einem Haushalt. Sie ermöglichen die Steuerung von Beleuchtung, Heizung und elektrischen Geräten per Smartphone oder Sprachbefehl.

Beispiel:
Mithilfe eines Smart-Home-Systems kann die Heizung im Wohnzimmer automatisch gesenkt werden, sobald das Fenster geöffnet wird, um Energie zu sparen.

Alltagsbeispiele für Steuerung und Schutz

- **Waschmaschine**: In einer Waschmaschine sind Schutz- und Steuerungskomponenten wie FI-Schalter, Temperatursensoren und Zeitsteuerungen integriert. Diese sorgen dafür, dass der Waschgang sicher abläuft und der Motor nicht überhitzt.
- **Straßenbeleuchtung:** Straßenlaternen verwenden Zeitschaltungen oder Helligkeitssensoren, um sich bei Dämmerung automatisch einzuschalten und bei Tageslicht auszuschalten.
- **Industrielle Anlagen:** In der Industrie sorgen komplexe Relaissteuerungen und Sicherheitssysteme dafür, dass Maschinen nur unter sicheren Bedingungen arbeiten.

Elektrische Messtechnik und Instrumente

Die elektrische Messtechnik spielt eine zentrale Rolle in der Elektrotechnik, da sie grundlegende Größen wie Spannung, Strom und Widerstand messbar macht. Ohne diese Daten wäre es unmöglich, Schaltungen zu entwerfen, Fehler zu beheben oder die Leistung elektrischer Geräte zu optimieren. Die Messtechnik bietet nicht nur die Möglichkeit, den Zustand elektrischer Systeme zu analysieren, sondern sie liefert auch präzise Informationen, die für die Sicherheit und Effizienz unverzichtbar sind. Im Folgenden wird ausführlich erläutert, welche Messgeräte und Methoden dabei zum Einsatz kommen, wie sie funktionieren und in welchen Situationen sie verwendet werden können.

Für die grundlegenden Größen der Elektrotechnik – Spannung, Strom und Widerstand – stehen verschiedene Messgeräte zur Verfügung. Diese Geräte sind speziell darauf ausgelegt, die jeweilige Größe genau und zuverlässig zu erfassen. Im Alltag und in der Praxis werden diese Geräte in unterschiedlichsten Situationen verwendet.

Ein **Voltmeter** dient der Messung der elektrischen Spannung und wird in Volt (V) angegeben. Es misst die Potenzialdifferenz zwischen zwei Punkten in einem Stromkreis und wird daher parallel zum Messobjekt angeschlossen.

Moderne digitale Voltmeter bieten präzise Ergebnisse und sind einfach zu bedienen, während analoge Geräte eine mechanische Anzeige mit einem Zeiger besitzen.

Beispiel:
Das Überprüfen der Spannung in einer Steckdose, um sicherzustellen, dass sie die standardmäßigen 230 Volt liefert. Auch beim Testen von Batterien, z. B. für Fernbedienungen oder elektrische Werkzeuge, wird ein Voltmeter genutzt.

Das **Amperemeter** misst den elektrischen Strom in Ampere (A). Es wird in Reihe in den Stromkreis eingebaut, da der Strom durch das Messgerät selbst fließen muss, um gemessen zu werden. Ein typisches Amperemeter kann Gleichstrom (DC) oder Wechselstrom (AC) messen.

Beispiel:
Beim Testen eines Ladegeräts für Smartphones wird ein Amperemeter verwendet, um zu prüfen, ob der Stromfluss dem vorgesehenen Wert entspricht, beispielsweise 2 Ampere. Auch bei Fahrzeugbatterien wird ein Amperemeter eingesetzt, um sicherzustellen, dass der Anlasser ausreichend Strom erhält.

Ein **Ohmmeter** misst den Widerstand eines elektrischen Bauteils oder einer Leitung in Ohm (Ω). Um zuverlässige Ergebnisse zu erzielen, muss das zu prüfende Bauteil spannungsfrei sein. Das Gerät gibt Aufschluss darüber, ob Leitungen beschädigt oder Bauteile defekt sind.

Beispiel:
Ein Ohmmeter kann verwendet werden, um den Widerstand eines defekten Toasters zu messen. Liegt der Widerstand nahe null, könnte ein Kurzschluss vorliegen, während ein extrem hoher Widerstand auf einen unterbrochenen Heizdraht hinweist.

Ein **Multimeter** kombiniert die Funktionen von Voltmeter, Amperemeter und Ohmmeter. Es ist eines der vielseitigsten Werkzeuge in der Elektrotechnik und für viele Anwendungen geeignet. Mit einem Multimeter können sowohl

Gleich- als auch Wechselstromgrößen gemessen werden. Moderne Geräte bieten oft zusätzliche Funktionen, wie die Messung von Frequenz oder Kapazität.

Beispiel:
Ein Elektriker verwendet ein Multimeter, um den Stromkreis in einem fehlerhaften Lichtschalter zu testen, die Spannung in der Leitung zu messen oder die Durchgängigkeit der Leitungen zu prüfen. Im Heimwerkerbereich wird es oft genutzt, um den Zustand von Geräten wie Waschmaschinen oder Lampen zu überprüfen.

Während Geräte wie Voltmeter und Amperemeter statische Größen messen, kommen **Oszilloskope** zum Einsatz, wenn zeitabhängige Signale analysiert werden müssen. Sie sind besonders wichtig, um die Dynamik elektrischer Signale zu erfassen und sichtbar zu machen. Ein Oszilloskop ist ein Messgerät, das elektrische Signale grafisch auf einem Bildschirm darstellt. Die Spannung wird dabei auf der vertikalen Achse (Y-Achse) und die Zeit auf der horizontalen Achse (X-Achse) abgebildet. So können Signalformen wie Sinuswellen, Rechtecksignale oder Sägezahnwellen sichtbar gemacht und analysiert werden.

Mit einem Oszilloskop können Signalformen untersucht werden, etwa ob ein Wechselspannungssignal tatsächlich sinusförmig ist oder ob Verzerrungen auftreten. Beim beispielsweise Testen von Lautsprechern oder Verstärkern wird überprüft, ob das Audiosignal störungsfrei übertragen wird.

Die Frequenz eines Signals lässt sich exakt messen. Bei einer typischen Netzspannung beträgt diese beispielsweise 50 Hertz.

Beispiel:
In einem Solarsystem kann überprüft werden, ob der Wechselrichter die korrekte Frequenz für das Stromnetz erzeugt.

Oszilloskope helfen, Störungen wie Überspannungen oder elektromagnetische Störungen zu erkennen.

Beispiel:
Ein Techniker kann in einem Computer die Signale auf den Datenleitungen prüfen, um Kommunikationsfehler zwischen Prozessor und Speicher zu lokalisieren.

Ein Oszilloskop wird über spezielle Sonden an die Schaltung angeschlossen. Die Sonden bestehen aus einer Messelektrode und einem Masseanschluss, um die Signale korrekt aufzuzeichnen.

Bei der Messung elektrischer Größen können Fehler auftreten, die das Ergebnis beeinflussen. Es ist wichtig, diese Fehler zu verstehen, um die Messwerte richtig zu interpretieren.

Arten von Messfehlern:

1. Systematische Fehler: Diese treten regelmäßig auf, etwa durch unkalibrierte Geräte. Sie können oft durch Justierung oder Korrekturwerte behoben werden.

Beispiel:
Ein Voltmeter, das konstant 0,2 Volt zu viel anzeigt, verursacht einen systematischen Fehler.

2. Zufällige Fehler: Diese entstehen durch äußere Einflüsse wie Temperatur oder elektromagnetische Störungen. Sie sind schwerer zu korrigieren.

Beispiel:
Schwankungen der Anzeige durch Vibrationen während einer Messung.

3. Ablesefehler: Besonders bei analogen Geräten können falsche Ablesewinkel (Parallaxenfehler) zu ungenauen Werten führen. Stellen Sie sich vor, Sie messen mit einem analogen Voltmeter die Spannung in einer Schaltung. Das Gerät zeigt 12 V an, aber weil Sie die Anzeige von der Seite betrachten, scheint der Zeiger auf 13 V zu stehen. Ein solcher Ablesefehler könnte in einem Laborexperiment zu falschen Messergebnissen führen, etwa wenn die Spannung innerhalb bestimmter Grenzen gehalten werden soll, um ein Gerät nicht zu überlasten. Die Genauigkeit eines Messgeräts wird oft als prozentualer Fehlerbereich angegeben.

Beispielsweise könnte ein Gerät mit einer Genauigkeit von ±1 % bei einer Spannung von 100 Volt Werte zwischen 99 und 101 Volt anzeigen. Regelmäßige Kalibrierungen stellen sicher, dass Messgeräte weiterhin zuverlässige Werte liefern.

Alltagsbeispiele für die Anwendung von Messtechnik

- **Fehlersuche im Haushalt:** Ein Multimeter hilft, herauszufinden, warum eine Steckdose nicht funktioniert, indem es Spannung und Leitungswiderstand misst.
- **Wartung von Solaranlagen:** Oszilloskope analysieren die Gleichspannungsausgabe der Solarmodule und prüfen die Umwandlung in Wechselspannung.
- **Reparatur von Geräten:** Ein Techniker verwendet ein Multimeter, um den Stromfluss in einer defekten Waschmaschine zu prüfen, und ein Oszilloskop, um den Taktgeber der Steuerung zu analysieren.

TESTEN SIE NUN IHR WISSEN

1. Welche Eigenschaft bleibt in einer Serienschaltung für alle Komponenten gleich?

a) Spannung

b) Strom

c) Widerstand

d) Leistung

2. Wie berechnet sich der Gesamtwiderstand einer Parallelschaltung mit zwei Widerständen R_1 und R_2?

a) $R_{ges} = R_1 + R_2$

b) $R_{ges} = \frac{1}{\frac{1}{R_1} + \frac{1}{R_2}}$

c) $R_{ges} = R_1 \times R_2$

d) $R_{ges} = R_1^2 + R_2^2$

3. Was passiert mit dem Strom, wenn ein weiterer Widerstand parallel geschaltet wird?

a) Der Gesamtstrom sinkt.

b) Der Gesamtstrom steigt.

c) Der Strom bleibt gleich.

d) Der Strom fließt nur durch den neuen Widerstand.

4. Welche Schaltung wird häufig verwendet, um den Strom auf mehrere Verbraucher aufzuteilen?

a) Serienschaltung

b) Parallelschaltung

c) Mischschaltung

d) Sternschaltung

5. Welches Gesetz beschreibt, dass die Summe der Spannungen in einem geschlossenen Stromkreis gleich null ist?

a) Ohm'sches Gesetz

b) Kirchhoffs Spannungsgesetz

c) Kirchhoffs Stromgesetz

d) Faradays Gesetz

6. In welchem Punkt eines Stromkreises gilt Kirchhoffs Stromgesetz?

a) An einem Widerstand

b) In einem Knotenpunkt

c) In einem Transformator

d) Über eine Leitung

7. Ein Knoten hat drei eingehende Ströme $I_1 = 5\ A, I_2 = 3\ A, I_3 = 2\ A$. Wie hoch ist der ausgehende Strom?

a) 10 A

b) 5 A

c) 0 A

d) 3 A

8. Welches Werkzeug wird häufig verwendet, um komplexe Netzwerke mit Kirchhoffs Gesetzen zu analysieren?

a) Multimeter

b) Simulationssoftware wie SPICE

c) Oszilloskop

d) Transformator

9. Wofür werden Sicherungen in einem Stromkreis eingesetzt?

a) Zur Erhöhung der Spannung

b) Zum Schutz vor Überstrom und Kurzschluss

c) Zum Gleichrichten von Wechselstrom

d) Zur Reduzierung des Widerstands

10. Was ist der Hauptzweck eines Relais in einer Steuerung?

a) Erzeugung von Strom

b) Verstärkung von Signalen

c) Schalten eines Stromkreises mithilfe eines Steuersignals

d) Erhöhung der Frequenz

11. Welches Bauteil schützt vor Überspannungen in elektrischen Schaltungen?

a) Transistor

b) Varistor

c) Diode

d) Kondensator

12. Wie funktioniert ein Leitungsschutzschalter?

a) Er öffnet den Stromkreis bei Überstrom oder Kurzschluss automatisch.

b) Er reduziert die Spannung im Stromkreis.

c) Er erhöht den Widerstand des Stromkreises.

d) Er misst die Leistung in der Schaltung.

13. Was misst ein Multimeter?

a) Spannung

b) Strom

c) Widerstand

d) Alle genannten Größen

14. Welche Funktion hat ein Oszilloskop?

a) Es misst den Widerstand eines Geräts.

b) Es zeigt den zeitlichen Verlauf von Spannungen und Strömen an.

c) Es schützt vor Kurzschlüssen.

d) Es dient der Steuerung von elektrischen Geräten.

15. Welches Instrument wird verwendet, um sehr kleine Spannungen genau zu messen?

a) Ohmmeter

b) Voltmeter

c) Amperemeter

d) Mikrovoltmeter

16. Ein Messgerät zeigt bei einer Spannungsmessung 230 V an. Welche Art von Spannung wird in Haushalten typischerweise gemessen?

a) Gleichspannung

b) Wechselspannung

c) Impulsspannung

d) Induktionsspannung

Lösungen:
1: b, 2: b, 3: b, 4: b, 5: b, 6: b, 7: a, 8: b, 9: b, 10: c, 11: b, 12: a, 13: d, 14: b, 15: d, 16: b

Kapitel 8: Formelsammlungen und Anwendungen

Physik und Mathe benötigen Formeln. Berechnungen basieren fast immer auf Grundlage von bestimmten mathematischen Gesetzen oder Formeln, die angewendet werden. Daher widmet sich dieses gesamte Kapitel der Formelsammlung und deren Anwendung. Hier erhalten Sie alle Formeln, die Sie als Grundlage für eigene Berechnungen benötigen. Keine Sorge, Sie müssen dafür kein Mathematik-Genie sein. Im Grunde vereinfachen diese Formeln den Sachverhalt.

Wichtige Formeln in der Elektrotechnik

Ohm'sches Gesetz:

$$U = R \times I$$

Beispiel:
Stellen Sie sich vor, Sie schließen eine einfache Glühbirne mit einem Widerstand von 50 Ohm an eine Batterie mit einer Spannung von 10 Volt an.

Mit dem Ohm'schen Gesetz können Sie den Strom berechnen:

$$I = \frac{U}{R}$$

$$I = \frac{10\,V}{50\,\Omega}$$

$$I = 0{,}2\,A$$

Das bedeutet, dass 0,2 Ampere durch die Glühbirne fließen.

Elektrische Leistung

$$P = U \times I$$

Ein Wasserkocher, der mit 230 Volt betrieben wird und einen Strom von 10 Ampere zieht, hat beispielsweise eine Leistung von:

$$P = 230\,V \times 10\,A$$

$$P = 2300W$$

Das entspricht 2,3 Kilowatt – genug, um schnell Wasser zu erhitzen.

Widerstand in einer Reihenschaltung

$$R_{ges} = R_1 + R_2 + \cdots + R_n$$

Zwei Widerstände mit 4Ω und 6Ω sind beispielsweise in Reihe geschaltet. Wie groß ist der Gesamtwiderstand?

$$R_{ges} = 4\Omega + 6\Omega$$

$$R_{ges} = 10\Omega$$

Widerstand in einer Parallelschaltung

$$\frac{1}{R_{ges}} = \frac{1}{R_1} + \frac{1}{R_2} + \cdots + 1/R_n$$

Zwei Widerstände mit 6Ω und 12Ω sind parallel geschaltet. Wie groß ist der Gesamtwiderstand?

$$\frac{1}{R_{ges}} = \frac{1}{6} + \frac{1}{12}$$

$$\frac{1}{R_{ges}} = \frac{2}{12} + \frac{1}{12}$$

$$R_{ges} = \frac{12}{3} = 4\Omega$$

Praktische Anwendungen und Beispiele

Die Elektrotechnik ist nicht nur eine theoretische Wissenschaft, sondern eine der praxisorientiertesten Disziplinen, die das tägliche Leben beeinflussen. Von der Stromversorgung in Haushalten bis hin zu innovativen Technologien in der Industrie – elektrotechnische Konzepte sind überall präsent. Dieses Kapitel beschreibt konkrete Anwendungen elektrotechnischer Prinzipien, liefert Praxisbeispiele und erklärt, wie typische Herausforderungen gelöst werden können.

Elektrotechnische Konzepte, die in der Theorie oft abstrakt wirken, finden in unzähligen Bereichen des Lebens Anwendung. Einige der wichtigsten Beispiele sind:

1. **Stromversorgung und Verteilung:** Ohne die Elektrotechnik würde unser Stromnetz, das Haushalte, Industrie und Verkehr mit Energie versorgt, nicht existieren. Prinzipien wie Ohm'sches Gesetz und Kirchhoffs Gesetze ermöglichen die Planung und den Betrieb von Stromnetzen. Transformatoren, die Wechselspannung in andere Spannungsstufen umwandeln, sind ein Beispiel für die Umsetzung elektrotechnischer Prinzipien in der Stromverteilung.

Beispiel:
Stellen Sie sich vor, Sie laden Ihr Handy zu Hause auf. Die Steckdose liefert Wechselstrom mit 230 Volt, doch das Handy benötigt Gleichstrom mit 5 Volt. Der Transformator im Ladegerät senkt die Spannung, und ein Gleichrichter wandelt den Wechselstrom in Gleichstrom um – alles basierend auf elektrotechnischen Konzepten.

2. **Motoren und Antriebe:** Elektromotoren sind die treibende Kraft hinter fast allem, was sich bewegt – von Haushaltsgeräten wie Waschmaschinen bis hin zu Elektroautos. Der Elektromagnetismus, ein Grundpfeiler der Elektrotechnik, wird genutzt, um Rotationsbewegungen zu erzeugen.

Beispiel:
Ein Deckenventilator funktioniert, indem ein Elektromotor elektrische Energie in mechanische Energie umwandelt. Der Motor nutzt Spulen, durch die Strom fließt, um ein Magnetfeld zu erzeugen, das den Rotor dreht.

3. **Beleuchtungssysteme:** Das einfache Einschalten einer Lampe basiert auf dem Prinzip des geschlossenen Stromkreises. Die Wahl der richtigen Leuchtmittel – sei es eine Glühbirne, LED oder Leuchtstofflampe – erfordert Kenntnisse über Energieverbrauch (Leistung) und Spannung.

Beispiel:
Stellen Sie sich vor, Sie kommen abends nach Hause und schalten das Licht im Wohnzimmer an. In diesem Moment schließen Sie den Stromkreis: Der Strom fließt von der Steckdose über den Schalter zur Lampe und bringt das Leuchtmittel zum Leuchten. Wenn Sie sich nun entscheiden, die alte Glühbirne durch eine LED zu ersetzen, sparen Sie Strom, da die LED mit weniger Energie auskommt, um die gleiche Helligkeit zu erzeugen. So haben Sie ein helles Wohnzimmer und senken gleichzeitig Ihre Stromkosten.

4. **Erneuerbare Energien und Speicherlösungen:** Solaranlagen wandeln Sonnenenergie in Strom um, und Batterien speichern diesen Strom für die spätere Nutzung. Die Elektrotechnik hilft dabei, Wechselrichter zu entwickeln, die den von den Solarpanels erzeugten Gleichstrom in Wechselstrom für Haushaltsgeräte umwandeln.

Beispiel:
In einem kleinen Dorf ohne Zugang zum Stromnetz installiert ein Unternehmen eine Solaranlage mit einer Batterie. Der Wechselrichter wird so programmiert, dass er überschüssigen Strom während der Spitzenzeiten speichert und diesen nachts bereitstellt.

5.**Kurzschlüsse in Haushalten:** Ein Kurzschluss entsteht oft durch beschädigte Kabel oder fehlerhafte Geräte. Mithilfe von Multimetern und anderen Messinstrumenten analysieren Fachleute den Stromkreis, identifizieren das Problem und ergreifen Maßnahmen, um den Fehler zu beheben.

Beispiel:
Ein Kühlschrank fällt immer wieder aus. Der Techniker misst den Widerstand des Kabels und stellt fest, dass eine Isolation beschädigt ist. Durch den Austausch des Kabels wird das Problem gelöst.

6. **Entwicklung smarter Geräte:** Intelligente Geräte wie Thermostate oder Sprachassistenten basieren auf elektrotechnischen Konzepten und Mikrocontrollern. Programmierte Schaltungen überwachen und steuern Geräte, um Energie zu sparen oder den Komfort zu erhöhen.

Beispiel:
Ein Smart-Home-System schaltet Lichter automatisch aus, wenn niemand im Raum ist. Sensoren messen die Bewegung, und ein Mikrocontroller wertet die Signale aus, um die Beleuchtung zu steuern.

Auch ohne ein Ingenieur zu sein, wird täglich von den Errungenschaften der Elektrotechnik profitiert. Sie ist der Schlüssel zu moderner Kommunikation, Mobilität und Energieversorgung. Jeder, der versteht, wie einfache Geräte wie Ladegeräte, Lampen oder Motoren funktionieren, kann im Alltag bewusster und sicherer mit Elektrizität umgehen.

Elektrische Sicherheit und Notfälle

Elektrizität ist eine unverzichtbare Grundlage unseres modernen Lebens. Sie treibt unsere Geräte an, beleuchtet unsere Häuser und ermöglicht technologische Fortschritte. Doch sie birgt auch Gefahren, die bei unsachgemäßem Umgang zu schwerwiegenden Verletzungen oder Schäden führen können. In diesem Kapitel lernen Sie, wie Sie elektrische Sicherheit in Haushalt und Industrie gewährleisten, richtig auf Stromunfälle reagieren und Schutzmaßnahmen ergreifen können, um Risiken zu minimieren. Ziel ist es, Ihnen ein grundlegendes Verständnis der Elektrosicherheit zu vermitteln und praktische Tipps für den Ernstfall an die Hand zu geben.

Elektrische Sicherheit beginnt mit präventiven Maßnahmen, die Gefahrenquellen minimieren. Elektrische Installationen sollten stets von qualifizierten Fachkräften durchgeführt werden. Fehler bei der Verkabelung oder unsachgemäße Verbindungen können Kurzschlüsse und Brände verursachen. Regelmäßige Wartungen, etwa durch Prüfung der Isolierung und Funktionalität von Sicherungen, sorgen dafür, dass Anlagen sicher betrieben werden können.

Alltagsbeispiel:
In einer Wohnung flackern wiederholt die Lampen. Ein Elektriker überprüft die Leitungen und entdeckt, dass eine lose Verbindung in der Verteilerdose vorliegt. Durch das Festziehen der Klemmen wird ein möglicher Kurzschluss verhindert.

Schutzmaßnahmen wie Fehlerstrom-Schutzschalter (FI-Schalter) und Leitungsschutzschalter sind unverzichtbar. Ein FI-Schalter unterbricht den Stromkreis, wenn er einen Fehlerstrom erkennt, der durch einen defekten Verbraucher oder direkten Kontakt mit Strom entsteht.

Alltagsbeispiel:
Eine Person verwendet einen defekten Wasserkocher mit beschädigtem Kabel. Der FI-Schalter erkennt den Fehlerstrom und schaltet den Strom ab, bevor ein Stromschlag entstehen kann.

Elektrizität und Wasser sind eine gefährliche Kombination. Feuchtigkeit kann die Leitfähigkeit erhöhen und somit das Risiko eines Stromschlags steigern. Elektrische Geräte sollten niemals in der Nähe von Wasserquellen wie Waschbecken oder Badewannen verwendet werden.

Stromunfälle können lebensgefährlich sein. Ein schnelles und überlegtes Handeln ist entscheidend, um schwerwiegende Folgen zu vermeiden. Wenn eine Person unter Strom steht, sollte der Strom sofort abgeschaltet werden. Ist dies nicht möglich, muss der Verletzte mit einem nicht leitenden Gegenstand (z. B. einem Holzstab) vom Stromkreis getrennt werden. Dabei ist darauf zu achten, selbst keinen Kontakt mit der Stromquelle herzustellen.

Alltagsbeispiel:
Ein Heimwerker gerät beim Arbeiten mit einer defekten Bohrmaschine in Kontakt mit einer offenen Leitung. Ein Familienmitglied schaltet sofort die Sicherung ab und trennt den Heimwerker mit einem Holzbesen von der Stromquelle.

Nach der Rettung aus der Gefahrenzone sollte die Atmung und der Herzschlag des Betroffenen überprüft werden. Bei Atemstillstand ist eine Herz-Lungen-Wiederbelebung einzuleiten. Bei schweren Verbrennungen dürfen keine Salben aufgetragen werden; stattdessen sollte die betroffene Stelle steril abgedeckt werden. In jedem Fall muss der Rettungsdienst verständigt werden. Stromunfälle können innere Verletzungen verursachen, die nicht sofort sichtbar sind.

Checkliste: Vorgehen bei Stromunfällen

☐ **Stromquelle ausschalten**

- Falls möglich, sofort den Strom abschalten (z. B. Sicherungskasten).
- Alternativ: Verletzten mit einem nicht leitenden Gegenstand (Holz, Plastik) von der Stromquelle trennen.

☐ **Keine Berührung ohne Sicherung**

- Berühren Sie die verletzte Person erst, wenn kein Strom mehr fließt.

☐ **Verletzten ansprechen und prüfen**

- Bewusstsein prüfen: Reagiert die Person auf Ansprache?
- Atmung kontrollieren: Ist sie normal oder beeinträchtigt?

☐ **Notruf wählen (112)**

- Geben Sie an, dass es sich um einen Stromunfall handelt.
- Beschreiben Sie den Zustand der verletzten Person (z. B. Bewusstlosigkeit).

☐ **Erste Hilfe leisten**

- Bewusstlos, aber atmend: Person in die stabile Seitenlage bringen.
- Keine Atmung: Sofort mit Wiederbelebungsmaßnahmen (Herzdruckmassage) beginnen.

☐ **Auf innere Verletzungen achten**

- Selbst bei äußerlich harmlos wirkenden Stromunfällen ärztliche Hilfe hinzuziehen.
- Mögliche innere Verletzungen können schwerwiegend sein, auch wenn sie nicht sofort sichtbar sind.

☐ **Auf Symptome achten**

- Mögliche Anzeichen: Herzrhythmusstörungen, Schwindel, Krämpfe oder Schmerzen.
- Veranlassen Sie eine gründliche ärztliche Untersuchung.

☐ **Ruhe bewahren und Sicherheit beachten**

- Achten Sie auch auf Ihre eigene Sicherheit, bevor Sie eingreifen.

Schutzmaßnahmen sind nicht nur in der Prävention, sondern auch im Ernstfall entscheidend. Klare Notfallpläne und technische Schutzvorrichtungen erhöhen die Sicherheit. In Unternehmen und Haushalten sollten klare Notfallpläne existieren. Diese beinhalten beispielsweise die Standorte von Sicherungskästen und Notabschaltungen sowie die Telefonnummern des Rettungsdienstes und von Elektrofachkräften. Elektrische Anlagen und Gefahrenzonen müssen deutlich gekennzeichnet sein, insbesondere in der Industrie. Warnschilder wie „Hochspannung – Lebensgefahr" weisen auf Gefahren hin und schützen vor unbedachtem Zugriff. Besonders in der Industrie ist es wichtig, dass Mitarbeiter regelmäßig geschult werden, wie sie mit elektrischen Geräten sicher umgehen. Auch im Haushalt kann das Wissen über den Umgang mit Sicherungskästen und Notfallmaßnahmen Leben retten.

Zukünftige Entwicklungen in der Elektrotechnik

Stellen Sie sich eine Welt vor, in der Autos nicht nur elektrisch fahren, sondern auch autonom, in der Gebäude vollständig durch erneuerbare Energien versorgt werden und in der Ihre Geräte miteinander kommunizieren, um Ihren Alltag einfacher zu gestalten. All das und mehr gehört zu den zukünftigen Entwicklungen der Elektrotechnik.

Die Welt der Elektrotechnik ist in Bewegung wie ein niemals endender Stromkreis, in dem neue Technologien und Ideen aufleuchten wie helle Funken. Ein zentraler Trend ist die rasante Entwicklung der **Künstlichen Intelligenz (KI)** und ihrer Integration in elektrische Systeme. Durch KI werden Maschinen intelligenter, sie lernen, Probleme zu lösen und sich an veränderte Bedingungen anzupassen. In der Elektrotechnik bedeutet dies beispielsweise, dass Stromnetze in Echtzeit auf Schwankungen reagieren können, um eine zuverlässige Energieversorgung sicherzustellen.

Ein weiteres faszinierendes Thema sind smarte Geräte und das Internet der Dinge (IoT). Stellen Sie sich vor, Ihr Zuhause wird zu einem **intelligenten Helfer**, der viele Aufgaben automatisch für Sie übernimmt. Ihr Kühlschrank könnte nicht nur bemerken, wenn Lebensmittel wie Milch oder Eier knapp werden, sondern diese auch eigenständig nachbestellen – vielleicht sogar bei Ihrem bevorzugten Supermarkt. Gleichzeitig zeigt Ihnen ein intelligenter Energiezähler in Echtzeit, welche Geräte in Ihrem Haushalt den meisten Strom verbrauchen, und gibt Ihnen Tipps, wie Sie Energie sparen können.

Darüber hinaus könnten Ihre **smarten Geräte miteinander kommunizieren**, um Ihren Alltag noch komfortabler zu gestalten. Beispielsweise könnte Ihre Heizung automatisch herunterregeln, wenn die Fenster geöffnet sind, oder Ihre Waschmaschine startet genau dann, wenn der Stromtarif am günstigsten ist. Alles ist über das Internet vernetzt und arbeitet nahtlos zusammen, um ein **intelligentes Ökosystem** zu schaffen, das nicht nur Komfort bietet, sondern auch Energieeffizienz und Nachhaltigkeit unterstützt.

Das IoT verwandelt einfache Alltagsgeräte in clevere Assistenten, die Ihnen helfen, Zeit, Geld und Ressourcen zu sparen – und eröffnet so eine völlig neue Dimension des modernen Lebens.

Quantencomputing ist ein weiterer Bereich, der die Elektrotechnik revolutionieren wird. Diese Computer arbeiten mit Qubits statt mit Bits, was bedeutet, dass sie in Sekundenbruchteilen Probleme lösen können, für die heutige Supercomputer Jahre benötigen würden. Stellen Sie sich die Auswirkungen auf die Elektrotechnik vor – von optimierten Energieverteilungen bis hin zur blitzschnellen Analyse von Stromnetzen.

Beispiel:
Stellen Sie sich vor, Sie möchten in einem riesigen Labyrinth den schnellsten Weg von A nach B finden. Ein herkömmlicher Computer (mit Bits) prüft jeden möglichen Weg nacheinander, bis er den besten gefunden hat – das dauert sehr lange. Ein Quantencomputer (mit Qubits) hingegen ist wie ein Superdetektiv, der alle Wege gleichzeitig betrachtet und sofort den kürzesten Weg findet.

Übertragen auf die Elektrotechnik bedeutet das: Quantencomputer könnten in Sekunden herausfinden, wie Strom in einem riesigen Netz optimal verteilt werden kann, um Energieverluste zu minimieren – etwas, wofür heutige Computer extrem viel Zeit und Ressourcen benötigen würden.

Die Elektrotechnik steht im Mittelpunkt des Kampfes gegen den Klimawandel. Erneuerbare Energien wie Solar- und Windkraft spielen eine immer größere Rolle, doch die Herausforderungen liegen in der Speicherung und Verteilung dieser Energie. **Batterietechnologien** wie Lithium-Ionen- und Feststoffbatterien werden ständig weiterentwickelt, um Strom effizienter und umweltfreundlicher zu speichern.

Auch die Entwicklung der **grünen Wasserstofftechnologie** ist ein vielversprechender Ansatz. Wasserstoff kann als sauberer Energieträger genutzt werden, der keinerlei schädliche Emissionen verursacht. Denken Sie an Züge oder Schiffe, die statt mit Diesel bald mit Wasserstoff betrieben werden könnten – leise, effizient und ohne CO_2-Ausstoß.

Ein weiteres Beispiel ist die **Nachhaltigkeit im Bau von elektrischen Geräten**. Unternehmen setzen verstärkt auf recycelbare Materialien, um Elektroschrott zu reduzieren. Zukünftige Produkte könnten so gestaltet sein, dass sie leicht repariert oder recycelt werden können, wodurch der ökologische Fußabdruck verringert wird.

Die Zukunft hält unzählige Möglichkeiten bereit. Eine der aufregendsten Entwicklungen ist der Bereich der **drahtlosen Energieübertragung**. Stellen Sie sich vor, Ihr Smartphone lädt sich auf, sobald Sie den Raum betreten, oder Elektroautos werden während der Fahrt aufgeladen – ohne Kabel, nur durch Magnetfelder. Diese Technologie, bekannt als Resonanzinduktion, könnte das gesamte Konzept der Energieversorgung revolutionieren.

Auch in der Medizintechnik hat die Elektrotechnik unglaubliches Potenzial. **Implantierbare Geräte** wie Herzschrittmacher werden immer kleiner und intelligenter, während tragbare Geräte wie Smartwatches ständig neue Gesundheitsdaten erfassen und analysieren können. Vielleicht tragen Sie bald winzige Sensoren, die nicht nur Ihren Gesundheitszustand überwachen, sondern bei Bedarf auch aktiv medizinische Unterstützung leisten.

Darüber hinaus schreitet die Entwicklung der **elektrischen Mobilität** unaufhaltsam voran. Neben Elektroautos wird an elektrisch betriebenen Flugzeugen und Hochgeschwindigkeitszügen gearbeitet. Visionäre Technologien wie Hyperloop-Systeme – Transportsysteme in Vakuumröhren – könnten die Mobilität der Zukunft völlig neu definieren.

Diese Entwicklungen verdeutlichen, dass Sie sich auf eine revolutionäre Phase der Mobilität zubewegen, die nicht nur umweltfreundlicher, sondern auch schneller, effizienter und visionärer gestaltet wird.

Transistorschaltungen und deren Anwendungen

Transistoren sind das Herz der modernen Elektronik und bilden die Grundlage nahezu aller elektronischen Geräte, die täglich genutzt werden. Vom Smartphone bis zum Fernseher, von medizinischen Geräten bis hin zu Computern – ohne Transistoren wäre die heutige Welt kaum vorstellbar. Doch wie funktionieren Transistorschaltungen, welche Arten von Schaltungen gibt es, und wie werden sie in der Praxis angewendet? Das erfahren Sie nachfolgend.

Ein Transistor ist ein Halbleiterbauelement, das als Schalter oder Verstärker eingesetzt werden kann. Seine Fähigkeit, kleine elektrische Signale zu verstärken, macht ihn besonders nützlich in Verstärkeranwendungen. Eine der grundlegenden Arten von Transistorverstärkern ist der **CE-Verstärker** (Common-Emitter-Verstärker). In einem **Transistor** wird ein schwaches **Eingangssignal** an die **Basis** des Transistors angelegt. Die **Basis** ist der Steueranschluss des Transistors. Der **Emitter**, der ebenfalls mit dem Transistor verbunden ist, ist in diesem Fall mit der **Masse** des Systems verbunden, was bedeutet, dass er auf ein „Nullniveau“ gesetzt wird – eine Art gemeinsamer Referenzpunkt.

Wenn nun ein kleines Signal an die Basis angelegt wird, bewirkt dieses, dass der **Transistor** sich „öffnet“ und der Strom zwischen dem **Kollektor** (dem Ausgangsanschluss) und dem Emitter fließt. Durch diesen Vorgang wird das ursprüngliche Eingangssignal, das schwach und kaum hörbar war, viel stärker – es wird „verstärkt“. Das Signal, das nun an der **Kollektor-Seite** abgegriffen wird, ist also viel lauter und klarer als das ursprüngliche Eingangssignal.

Um es zu veranschaulichen: Stellen Sie sich vor, ein leises **Flüstern** (das Eingangssignal) wird zu einer **klar hörbaren Stimme** (dem verstärkten Ausgangssignal). Der Transistor funktioniert dabei wie ein **Verstärker**, der das schwache Signal nutzt, um es deutlich hörbar zu machen, indem er einen stärkeren Strom durchlässt.

Zusammengefasst:
Ein Transistor nimmt ein kleines **Steuersignal** an der Basis und verwandelt es in ein **stärkeres Signal** am Ausgang, was in der Elektronik als **Verstärkung** bezeichnet wird.

Das Ausgangssignal, das an der Kollektor-Seite abgegriffen wird, ist deutlich verstärkt – wie das Vergrößern eines leisen Flüsterns zu einer klar hörbaren Stimme.

Beispiel: Audioverstärker:
Wenn Sie Musik über Kopfhörer hören, wandelt der Verstärker die kleinen Signale von der Audioquelle in stärkere Signale um, die dann die Kopfhörerlautsprecher ansteuern. Das Ergebnis: Klarer, lauter Klang, selbst bei leisen Tonspuren.

Die **Verstärkungsfaktoren** eines Transistors, die oft als "h_FE" bezeichnet werden, bestimmen, wie stark ein Signal verstärkt werden kann. Diese Werte hängen von der Art des Transistors ab und werden so gewählt, dass sie optimal zu den Anforderungen der Schaltung passen. Moderne Verstärkertechnologien nutzen oft mehrere Transistorstufen, um eine noch höhere Verstärkung zu erzielen.
Neben Verstärkerschaltungen werden Transistoren auch in speziellen Designs wie dem **Emitterfolger** eingesetzt. Hierbei handelt es sich um eine Schaltung, bei der das Ausgangssignal fast dieselbe Spannung wie das Eingangssignal hat, jedoch in der Lage ist, eine größere Last zu treiben. Diese Schaltung bietet keine Verstärkung der Spannung, aber eine Verstärkung des Stroms. Praktisch bedeutet dies, dass ein Emitterfolger die "Last" eines Geräts – wie z. B. eines Lautsprechers – effizienter betreiben kann, ohne dass das Eingangssignal dabei verzerrt wird.

Ein weiteres Anwendungsgebiet sind **Schaltnetzwerke**. Diese basieren oft auf Transistoren, die als elektronische Schalter verwendet werden. In einer Schaltnetzwerkschaltung kann der Transistor zwischen zwei Zuständen wechseln – an oder aus. Dadurch wird es möglich, digitale Signale zu verarbeiten, was für Computer und digitale Logik entscheidend ist.

Beispiel:
Stellen Sie sich vor, Sie befinden sich in einem Postzentrum, in dem Briefe an verschiedene Zielorte geschickt werden müssen. Es gibt mehrere Postkörbe (die Eingänge) für unterschiedliche Zielorte und Rutschen (die Verbindungen), durch die die Briefe weitergeleitet werden. Je nachdem, auf welchem Schalter (die Schaltlogik) der Brief abgelegt wird, wird er durch die passende Rutsche zum richtigen Zielort geschickt.

Ein Schaltnetzwerk funktioniert auf ähnliche Weise – es entscheidet, wie Daten von einem Punkt zum anderen Punkt übertragen werden, basierend auf bestimmten Regeln oder Schaltungen. In digitalen Systemen wie Computern legt das Schaltnetzwerk fest, welcher Datenpfad für Informationen genutzt wird, abhängig von den Eingangsbedingungen.

Beispiel:
Stellen Sie sich einen Küchenautomaten vor, der je nach gedrückter Taste verschiedene Rezepte (Daten) zubereitet. Jede Taste ist mit einem Schalter im Automaten verbunden, der ein bestimmtes Rezept auslöst. Das Schaltnetzwerk des Automaten entscheidet also, welcher Zubereitungsweg (Datenfluss) für das ausgewählte Rezept verantwortlich ist.

So sorgt ein Schaltnetzwerk dafür, dass die „Daten" (z.B. Rezepte) an den richtigen Ort geleitet werden und auf den richtigen „Schalter" reagiert wird!

In der Praxis haben Transistorschaltungen unzählige Anwendungen, welche die moderne Technik vorantreiben. **Audioverstärker** sind ein klassisches Beispiel. Ob in Heimkinoanlagen, Lautsprechersystemen oder Smartphones – Transistoren sorgen dafür, dass Audiosignale klar und kraftvoll wiedergegeben werden. Sie können die leisesten Töne eines Orchesters oder die kraftvollen Basslinien eines Konzerts mit höchster Präzision verstärken.

Ein weiteres Beispiel ist die **Signalkonditionierung**, bei der schwache oder verzerrte Signale aufbereitet und verstärkt werden, bevor sie an andere Geräte weitergeleitet werden. Dies ist besonders in der Medizintechnik entscheidend, beispielsweise bei EKG-Geräten, die winzige elektrische Signale vom Herzen aufnehmen und verstärken müssen, um sie für Ärzte lesbar zu machen.

Darüber hinaus kommen Transistorschaltungen in **Sensoren** zum Einsatz. Ein Bewegungssensor in einem automatischen Lichtschalter nutzt Transistoren, um das schwache Signal des Sensors zu verstärken und so eine Lampe zu aktivieren. Hier zeigt sich, wie Transistoren selbst die kleinsten Signale in konkrete, praktische Aktionen umwandeln können.

Die Entwicklung der Transistortechnologie schreitet unaufhaltsam voran. Von **Nanotransistoren** in Mikroprozessoren bis hin zu Transistoren auf Kohlenstoffbasis wie Graphen – die Möglichkeiten sind unbegrenzt. Diese Innovationen versprechen nicht nur leistungsstärkere Geräte, sondern auch energiesparendere Lösungen, die den ökologischen Fußabdruck verkleinern könnten.

Operationsverstärker und ihre Rolle in der Elektronik

Ein Operationsverstärker (kurz Op-Amp) ist ein kleiner, aber leistungsstarker Baustein in elektronischen Geräten, der Signale verstärkt – wie ein riesiger Lautsprecher, der selbst das kleinste Geräusch laut und deutlich macht. Er besteht aus vielen winzigen Bauteilen, die auf einem einzigen Chip zusammenarbeiten, um ein Signal zu messen und zu verstärken. Der Operationsverstärker arbeitet, indem er den Unterschied zwischen den zwei Eingängen vergleicht: einem positiven Eingang (+) und einem negativen Eingang (-). Er nimmt diesen Unterschied und verstärkt ihn, sodass ein viel stärkeres Signal am Ausgang herauskommt.

Der Clou ist, dass der Operationsverstärker eine riesige Verstärkung hat – sogar winzige Unterschiede zwischen den Eingängen können das Ausgangssignal massiv vergrößern. Eine Rückkopplung sorgt dafür, dass das Signal nicht außer Kontrolle gerät, ähnlich wie ein Lautstärkeregler, der verhindert, dass der Sound zu laut wird.

Beispiel:

Stellen Sie sich den Op-Amp wie einen Verstärker in einem Konzert vor. Selbst ein winziges Flüstern ins Mikrofon wird verstärkt, sodass es die ganze Halle erfüllt. Allerdings sorgt die Rückkopplung dafür, dass das Flüstern nicht zu einem ohrenbetäubenden Lärm wird, sondern auf einem angenehmen Niveau bleibt.

Operationsverstärker können auf zwei Arten arbeiten: der **invertierende** und der **nicht-invertierende Verstärker**.

Wenn Sie das Eingangssignal an den **negativen Eingang (-)** anschließen, wird das Signal **umgekehrt** und verstärkt. Stellen Sie sich vor, das Signal ist wie ein Pfeil, der nach oben zeigt – der Op-Amp dreht ihn um, sodass der Pfeil nach unten zeigt, und macht ihn dabei stärker.

Beispiel:
Wenn ein Mikrofon ein Tonsignal aufnimmt, wird es durch diese Schaltung umgekehrt und verstärkt, damit es laut und klar klingt.

Bei einem nicht invertierenden Verstärker bleibt das Signal unverändert, aber es wird stärker gemacht. Der Eingang wird am **positiven Eingang (+)** angeschlossen, und das Signal bleibt gleich, wird aber lauter.

Beispiel:
In einem Herzmonitor wird das sehr schwache elektrische Signal deines Herzens verstärkt, damit der Arzt es gut sehen kann.

Operationsverstärker finden in unzähligen Bereichen Anwendung, da sie sich leicht in verschiedene Schaltungen integrieren lassen. Hier sind einige der wichtigsten Anwendungsbereiche:

Ein zentraler Einsatzbereich von Op-Amps ist die Signalverarbeitung. Sie werden in Filterschaltungen verwendet, um bestimmte Frequenzbereiche eines Signals zu verstärken oder zu unterdrücken. So können Sie beispielsweise Rauschen aus einem Signal entfernen, bevor es weiterverarbeitet wird.

Definition:
Filterschaltungen sind elektronische Bauteile, die bestimmte Signale durchlassen und andere blockieren. Zum Beispiel lässt ein **Tiefpassfilter** nur niedrige Töne durch und stoppt hohe Töne, wie bei einem Radio, das nur die Bassfrequenzen wiedergibt.

Beispiel:
Die Filterschaltung in Kopfhörern mit Geräuschunterdrückung blockiert unerwünschte Hintergrundgeräusche (wie das Dröhnen eines Flugzeugs) und lässt nur die Musik oder den Ton durch, den Sie hören möchten.

In der Automatisierungstechnik spielen Operationsverstärker eine Schlüsselrolle. Sie werden in **PID-Reglern** verwendet, die Prozesse wie die Temperatur- oder Geschwindigkeitskontrolle in industriellen Anwendungen überwachen. Zum Beispiel hilft ein solcher Regler in einem Heizsystem, die Temperatur konstant zu halten, indem er das Signal eines Temperatursensors verarbeitet und die Heizleistung entsprechend anpasst.

Operationsverstärker sind auch ein essenzieller Bestandteil von Schaltungen zur Analog-Digital-Wandlung. In einem Spannungsmessgerät wird ein schwaches analoges Signal verstärkt, bevor es von einem Mikrocontroller digitalisiert wird. Solche Anwendungen sind in modernen Geräten wie Smartphones oder Smartwatches weit verbreitet.

Operationsverstärker sind aus der modernen Elektronik nicht wegzudenken. Ihre Vielseitigkeit, gepaart mit ihrer Fähigkeit, Signale präzise zu verarbeiten, macht sie zu einem unverzichtbaren Werkzeug in der Elektrotechnik. Ob in Audiosystemen, Regelungssystemen oder medizinischen Geräten – Operationsverstärker tragen dazu bei, die Welt vernetzter, effizienter und intelligenter zu machen.

Digitale Logik und Schaltungen

Digitale Logik bildet die Grundlage der modernen Elektronik und ist unverzichtbar in der Welt von Computern, Smartphones und nahezu allen intelligenten Geräten. Sie beruht auf der Verarbeitung binärer Signale, die nur zwei Zustände annehmen können: **0** (Aus) und **1** (Ein).

Definition:
Binäre Signale sind elektrische Signale, die nur zwei Zustände haben: „ein" oder „aus", dargestellt als 1 oder 0. Diese Signale werden in elektronischen Geräten verwendet, um Informationen zu übertragen oder zu speichern.

Durch das Zusammenspiel von sogenannten Logikgattern lassen sich komplexe Schaltungen und Systeme entwerfen, die Informationen verarbeiten, speichern und weiterleiten.

Definition:
Ein **Logikgatter** ist wie ein Schalter, der entscheidet, ob etwas an- oder ausgeht, basierend darauf, was Sie ihm sagen. Bei einem **„ODER"-Gatter** geht das Licht an, wenn Sie entweder den einen oder den anderen Schalter drücken – oder beide.

Im Herzen der digitalen Logik steht das **binäre Zahlensystem**, das aus nur zwei Zuständen besteht. Während das Dezimalsystem auf den Ziffern 0 bis 9 basiert, werden in der Digitaltechnik lediglich die Zustände **0** und **1** verwendet. Dies ermöglicht eine klare und zuverlässige Unterscheidung zwischen elektrischen Signalen, wie beispielsweise "Spannung vorhanden" (1) oder "keine Spannung" (0).

Um diese binären Signale zu manipulieren, werden sogenannte **Logikgatter** verwendet. Jedes Logikgatter stellt eine bestimmte Funktion dar und verarbeitet Eingangssignale, um ein definiertes Ausgangssignal zu erzeugen.

• **UND-Gatter** (AND): Dieses Gatter gibt nur dann eine **1** am Ausgang aus, wenn alle Eingänge auf **1** stehen.

Beispiel:
Eine Lampe leuchtet nur, wenn zwei Schalter gleichzeitig eingeschaltet sind.

• **ODER-Gatter** (OR): Dieses Gatter liefert eine **1**, wenn mindestens ein Eingang auf **1** steht.

Beispiel:
Eine Klingel läutet, wenn entweder die vordere oder die hintere Türklingel betätigt wird.

• **NICHT-Gatter** (NOT): Dieses Gatter invertiert das Eingangssignal. Eine **0** wird zu einer **1** und umgekehrt.

Beispiel:
Eine Tür ist offen (0), das NICHT-Gatter signalisiert "geschlossen" (1).

Diese grundlegenden Bausteine lassen sich zu komplexen Logikfunktionen kombinieren, die in allen digitalen Geräten zu finden sind.

Aufbauend auf den Grundgattern werden komplexere Schaltungen wie **Multiplexer**, **Demultiplexer** und **Flip-Flops** entwickelt. Sie dienen der Signalsteuerung, -verarbeitung und -speicherung.

Ein Multiplexer ist eine Schaltung, die mehrere Eingangssignale auf einen einzigen Ausgang umleitet, basierend auf einem Steuersignal. Denken Sie an einen Verkehrsknotenpunkt, an dem Ampeln den Verkehr auf einer Spur lenken. In der Digitaltechnik werden Multiplexer verwendet, um beispielsweise mehrere Sensoren mit einem Mikrocontroller zu verbinden.

Ein Demultiplexer funktioniert genau umgekehrt. Er nimmt ein Eingangssignal und verteilt es auf verschiedene Ausgänge, je nach Steuersignal. Ein Beispiel ist die Verteilung eines Videosignals von einem Receiver auf mehrere Fernseher.

Flip-Flops sind Speicherbausteine, die einen Zustand (0 oder 1) speichern können, bis sie ein neues Signal erhalten. Sie bilden die Grundlage für Speicher in Computern und dienen auch zur Synchronisation in Schaltungen. Beispiel: Ein Lichtschalter, der zwischen An und Aus wechselt, ist ein einfaches Flip-Flop.

Es gibt zwei Hauptarten digitaler Schaltungen: **kombinatorische** und **sequenzielle**.

Definition:
Die Kombinatorische Schaltung ist ein elektronisches System, bei dem die Ausgaben nur von den aktuellen Eingaben abhängen – es gibt also kein Gedächtnis für vorherige Zustände.
Ein Beispiel ist ein Lichtschalter. Der Zustand des Lichts ist an oder aus und wird nur davon bestimmt, ob der Schalter gerade ein- oder ausgeschaltet ist.

Definition:
Die Sequenzielle Schaltung ist ein elektronisches System, bei dem die Ausgabe nicht nur von den aktuellen Eingaben, sondern auch von früheren Zuständen abhängt – sie merkt sich also, was vorher passiert ist.
Ein einfaches Beispiel dafür ist eine Fußgängerampel, die sich merkt, ob sie gerade rot oder grün war, um die nächste Phase zu bestimmen.

Diese Schaltungen erzeugen ihre Ausgänge ausschließlich auf Basis der aktuellen Eingänge. Ein bekanntes Beispiel ist ein Addierer, der zwei Zahlen addiert und das Ergebnis sofort anzeigt. Solche Schaltungen werden häufig in Taschenrechnern und Prozessoren verwendet.

Im Gegensatz dazu berücksichtigen sequenzielle Schaltungen auch frühere Eingaben, um den Ausgang zu bestimmen. Sie enthalten Speicherbausteine, die Zustände speichern. Ein Beispiel ist ein Fahrstuhlsteuerungssystem: Der Fahrstuhl merkt sich, in welchem Stock er sich befindet, und entscheidet auf Basis dieses "Gedächtnisses", wohin er als nächstes fährt.

Sequenzielle Schaltungen kommen in Steuerungssystemen, wie etwa Waschmaschinen oder Ampeln, zum Einsatz, bei denen eine Abfolge von Zuständen durchlaufen wird.

Die Konzepte der digitalen Logik sind in vielen alltäglichen Geräten versteckt. Beispielsweise steuern sie die **Ampelschaltungen** im Straßenverkehr, die auf einer Kombination von Flip-Flops und logischen Regeln beruhen. In einem **Smartphone** werden Logikgatter in Prozessoren verwendet, um Berechnungen durchzuführen, Bilder zu verarbeiten und Apps auszuführen.

Ein anderes Beispiel sind **intelligente Thermostate**, die kombinatorische Logik nutzen, um Heiz- und Kühlgeräte basierend auf Temperaturdaten zu steuern, und sequenzielle Logik, um den Betriebsstatus über die Zeit zu speichern.

Mikrocontroller und deren Programmierung

Mikrocontroller sind winzige Computerchips, die in vielen modernen Geräten stecken. Sie übernehmen Steuerungsaufgaben, sammeln Daten und reagieren auf Befehle. Ob in Smartphones, Autos oder Haushaltsgeräten – sie erleichtern unser Leben, oft ohne dass es bemerkt wird. Doch obwohl sie überall sind, wissen viele Menschen kaum, wie sie funktionieren oder wofür sie genau eingesetzt werden.

Ein Mikrocontroller ist im Grunde ein Mini-Computer in einem einzigen Chip. Er besteht aus einer zentralen Recheneinheit, die als "Gehirn" fungiert, sowie Speicher und Schnittstellen für den Datenaustausch. Der Arbeitsspeicher (RAM) speichert temporäre Daten, während der Flash-Speicher Programme dauerhaft sichert. Über Eingangs- und Ausgangspins kann der Mikrocontroller mit Sensoren, Motoren oder anderen Geräten kommunizieren. Diese Eigenschaften machen ihn so vielseitig und erlauben seinen Einsatz in unzähligen technischen Bereichen.

Ein Vergleich aus dem Alltag verdeutlicht die Funktionsweise eines Mikrocontrollers: Stellen Sie sich einen Dirigenten vor, der ein Orchester leitet. Der Dirigent (CPU) gibt präzise Anweisungen, wie die Musiker (Peripheriegeräte) spielen sollen, und überwacht ständig, ob alles im Einklang ist.

Mikrocontroller finden sich in vielen Alltagsanwendungen: In Smart-Home-Systemen steuern sie Licht, Heizung oder Alarmanlagen. Fitness-Tracker messen Puls und Schrittzahl, Autos nutzen Mikrocontroller für die Motorsteuerung oder Sicherheitssysteme wie ABS. Auch in Waschmaschinen sorgen sie für den richtigen Waschgang, indem sie Wassertemperatur, Waschdauer und Trommeldrehzahl regulieren. In vielen dieser Geräte sind sie so klein und unscheinbar verbaut, dass sie kaum wahrgenommen werden. Doch ohne sie wäre moderne Technik nicht denkbar.

Beispiel Thermostat:
Der Mikrocontroller überwacht die Temperatur mit einem Sensor, vergleicht sie mit einem Sollwert und schaltet bei Bedarf die Heizung ein oder aus.

Die Magie eines Mikrocontrollers entfaltet sich erst durch seine Programmierung. Mikrocontroller werden häufig in der Programmiersprache **C** oder mit Plattformen wie **Arduino** programmiert, die den Einstieg für Anfänger erleichtern.

C ist eine universelle Sprache für Mikrocontroller. Sie ermöglicht direkten Zugriff auf Hardware und bietet gleichzeitig Effizienz. Die Arbeit mit C kann jedoch anspruchsvoll sein, da Entwickler die spezifischen Register und Hardware-Architekturen des Mikrocontrollers verstehen müssen.

Definition: Arduino
Arduino ist eine benutzerfreundliche Plattform, die auf einer vereinfachten C/C++-Syntax basiert. Mit vorgefertigten Bibliotheken können auch Laien komplexe Aufgaben bewältigen.
Arduino ist wie ein Malbuch für Technik. Sie bekommen eine Vorlage und können mit Ihrer Kreativität kleine Projekte umsetzen.

Beispiel:
Mit wenigen Zeilen Code kann ein LED-Licht programmiert werden, das im Takt blinkt. Hier zeigt sich die Bildsprache: Arduino ist wie ein Malbuch für Technikbegeisterte.

Ein typisches Arduino-Programm hat zwei Hauptabschnitte:

a) **Setup ():** Hier wird definiert, welche Geräte wie genutzt werden (zum Beispiel ob ein Pin ein Eingang oder Ausgang ist).

b) **Loop ():** In dieser Schleife laufen die Befehle, die der Mikrocontroller kontinuierlich ausführt.

Beispiel:
Eine automatisierte Bewässerungsanlage
Der Mikrocontroller liest die Feuchtigkeitssensoren im Boden aus und schaltet bei Trockenheit eine Pumpe ein. Durch die Programmierung wird die Anlage smart und unabhängig.

Dank moderner Technik sind Mikrocontroller oft mit dem Internet verbunden. Dies ist das Prinzip des "Internet of Things" (IoT). Dadurch lassen sich Geräte aus der Ferne steuern – etwa ein Backofen, welcher per Smartphone eingeschaltet werden kann, oder ein Kühlschrank, der automatisch Milch nachbestellt. Auch in der Landwirtschaft kommen solche Systeme zum Einsatz, indem sie Bodenwerte überwachen und die Bewässerung optimieren. In der Industrie sorgen IoT-fähige Mikrocontroller für effizientere Produktionsprozesse, indem sie Maschinen miteinander vernetzen und Wartungsprozesse automatisieren.
Ein weiteres wichtiges Einsatzgebiet ist die Medizin. Moderne medizinische Geräte wie Blutzuckermessgeräte, Herzfrequenzmonitore oder sogar künstliche Organe enthalten Mikrocontroller, die wichtige Daten in Echtzeit verarbeiten. Sie ermöglichen es Ärzten, Patienten besser zu überwachen und schneller auf Veränderungen zu reagieren. Auch in der Notfallmedizin, beispielsweise in Defibrillatoren, spielen Mikrocontroller eine lebensrettende Rolle.

Alltagsanwendungen

- **Smart Home:**

Mikrocontroller steuern Beleuchtung, Heizungen und Sicherheitskameras. Ein Beispiel: Ein Bewegungssensor (angeschlossen an einen Mikrocontroller) aktiviert automatisch das Licht, wenn jemand den Raum betritt.

- **Fitness-Tracker:**

Diese Geräte verwenden Mikrocontroller, um Schritte zu zählen, Herzfrequenzen zu messen und die Daten an eine App zu senden.

- **Automobilindustrie:**

Mikrocontroller überwachen die Motortemperatur, steuern das Antiblockiersystem (ABS) und sorgen für die präzise Einspritzung von Kraftstoff.

- **Waschmaschine:**
Der Mikrocontroller in der Waschmaschine steuert den gesamten Waschprozess. Er regelt, wie lange die Wäsche gewaschen wird, wann das Wasser ein- und abläuft, wie schnell die Trommel sich dreht und bei welcher Temperatur gewaschen wird.

Mikrocontroller sind unscheinbare, aber äußerst leistungsstarke Helfer. Sie ermöglichen smarte Technologien, automatisieren Prozesse und tragen dazu bei, Energie zu sparen. Besonders spannend: Mit Plattformen wie Arduino kann jeder in die Welt der Mikrocontroller eintauchen und eigene Projekte umsetzen, egal ob Einsteiger oder Technikbegeisterter. Wer sich mit Mikrocontrollern beschäftigt, lernt nicht nur das Programmieren, sondern bekommt auch ein tieferes Verständnis für die Technik, die unseren Alltag bestimmt. Mit der richtigen Kreativität und etwas Übung lassen sich faszinierende eigene Projekte umsetzen – vom einfachen LED-Display bis hin zu komplexen Robotersystemen.

Testen Sie nun Ihr Wissen

1. *Wie lautet die Formel zur Berechnung des Stroms, wenn Spannung und Widerstand gegeben sind?*

a) $I = U \times R$

b) $I = \frac{U}{R}$

c) $I = U \times R$

d) $I = \frac{R}{U}$

2. *Ein Gerät mit einer Leistung von 1500 Watt läuft 2 Stunden lang. Wie viel Energie wurde verbraucht?*

a) 1 kWh

b) 3 kWh

c) 2 kWh

d) 0,5 kWh

3. *Was beschreibt die Formel $P = U \times I$?*

a) Die elektrische Leistung

b) Den Energieverbrauch

c) Die Spannungsregelung

d) Die Widerstandsberechnung

4. *Ein FI-Schutzschalter schützt vor:*

a) Überlastung von Kabeln

b) Fehlerströmen

c) Hochspannungen

d) Überspannungen durch Blitze

5. *Wie viel Energie verbraucht eine 40-Watt-Glühbirne, die 10 Stunden lang eingeschaltet ist?*

a) 0,4 kWh

b) 4 kWh

c) 0,04 kWh

d) 40 kWh

6. Was ist zu tun, wenn eine Person unter Strom steht?

a) Sofort die Person anfassen und wegziehen.

b) Den Stromkreis unterbrechen und die Person mit einem nicht leitenden Gegenstand von der Stromquelle entfernen.

c) Einen Eimer Wasser über die Person gießen.

d) Warten, bis der Strom von allein aufhört.

7. Welche Schutzvorrichtung erkennt Fehlerströme und unterbricht den Stromkreis?

a) Sicherung

b) Transformator

c) FI-Schalter

d) Glühbirne

8. Warum ist Wasser in der Nähe von elektrischen Geräten gefährlich?

a) Wasser isoliert den Strom.

b) Wasser leitet Strom und erhöht das Risiko eines Stromschlags.

c) Wasser kann elektrische Geräte reinigen.

d) Wasser macht den Strom sichtbar.

9. Wie sollte bei einem Stromschlag mit Verbrennungen vorgegangen werden?

a) Die Verbrennung mit Eis behandeln.

b) Eine Salbe auf die Wunde auftragen.

c) Die betroffene Stelle steril abdecken und den Rettungsdienst rufen.

d) Die Person zum Weiterarbeiten auffordern, wenn sie sich besser fühlt.

10. Was ist eine der häufigsten Ursachen für Stromunfälle in Haushalten?

a) Verwendung von FI-Schaltern

b) Defekte oder beschädigte Kabel

c) Einsatz moderner Geräte

d) Verwendung von Steckdosenleisten

11. Welche erneuerbare Energiequelle hat die größte globale Verfügbarkeit?

a) Kernenergie

b) Windenergie

c) Solarenergie

d) Fossile Brennstoffe

12. Wie trägt die Elektrotechnik zur Nachhaltigkeit bei?

a) Durch die Entwicklung energieeffizienter Geräte

b) Durch die Erhöhung des Verbrauchs fossiler Brennstoffe

c) Durch die Reduktion erneuerbarer Energien

d) Durch den Einsatz von Nichtleiter-Materialien

13. Wozu dient ein invertierender Operationsverstärker?

a) Zur Verstärkung eines Signals ohne Phasenumkehr

b) Zur Umkehr der Phasenlage und Verstärkung eines Signals

c) Zur Regelung von Leistungsschaltungen

d) Zur Speicherung von Energie in Kondensatoren

14. Was ist die grundlegende Funktion eines UND-Gatters?

a) Es gibt ein Signal nur dann aus, wenn beide Eingänge 1 sind.

b) Es invertiert das Eingangssignal.

c) Es gibt ein Signal aus, wenn einer der Eingänge 1 ist.

d) Es speichert elektrische Energie.

15. Welche Programmiersprache wird häufig für Mikrocontroller verwendet?

a) HTML

b) Python

c) C

d) SQL

Lösungen:

1: b), 2: c), 3: a), 4: b), 5: a), 6: b), 7: c), 8: b), 9: c), 10: b), 11: c), 12: a), 13: b), 14: a); 15: c)

Kapitel 9: Elektrische Steuerungssysteme

Elektrische Steuerungssysteme sind die verborgenen Architekten der modernen Welt. Sie regeln, steuern und überwachen Maschinen, Geräte und Prozesse – von der kleinsten Kaffeemaschine in Ihrer Küche bis hin zu riesigen Produktionsanlagen in der Industrie. Ohne diese unsichtbaren Steuerungsmechanismen würde der Alltag ins Chaos stürzen, denn sie sorgen dafür, dass alles im richtigen Takt abläuft.

Stellen Sie sich eine komplexe Stadt vor, in der der Verkehr ohne Ampeln, Schilder und Regeln fließen müsste – ein unvorstellbares Durcheinander! Ähnlich verhält es sich in der Technik: Elektrische Steuerungssysteme sind die "Ampeln" der modernen Technologie. Sie dirigieren den Strom, koordinieren Abläufe und schützen empfindliche Systeme vor Fehlern oder Überlastung.

Vom einfachen Lichtschalter bis zur komplexen Steuerung eines Kraftwerks – Steuerungssysteme machen Technik handhabbar, sicher und effizient. Sie sind mehr als nur Schaltkreise und Kabel: Sie sind die Verbindung zwischen Mensch und Maschine, die Technik lebendig macht und Prozesse intelligent gestaltet.

Automatisierung und Steuerungstechnik

Automatisierung und Steuerungstechnik sind wie das Gehirn und das Nervensystem moderner Maschinen und Anlagen. Sie lassen Technik nicht nur arbeiten, sondern denken, reagieren und sich selbst anpassen. Dieser Bereich der Elektrotechnik ist der Schlüssel zu Effizienz, Präzision und Innovation – in der Industrie genauso wie im Alltag.

Denken Sie an einen Roboter, der Autos zusammenschraubt, oder eine Klimaanlage, die Ihre Wunschtemperatur hält. Beide funktionieren nur dank intelligenter Steuerungs- und Automatisierungssysteme. Sie messen Daten, analysieren sie und treffen blitzschnell Entscheidungen, um Prozesse perfekt aufeinander abzustimmen. Es ist, als ob Maschinen lernen würden, mit den wechselnden Anforderungen der Welt Schritt zu halten.

Die Automatisierung geht über bloße Arbeitserleichterung hinaus. Sie schafft eine neue Dimension der Produktivität, Sicherheit und Nachhaltigkeit. Ob es darum geht, Produktionsprozesse in einer Fabrik zu optimieren oder Energie effizient zu nutzen – Automatisierung und Steuerungstechnik sind die treibenden Kräfte hinter der technologischen Evolution. Sie eröffnen eine Welt, in der Technik nicht nur von Menschen bedient wird, sondern ihnen aktiv dabei hilft, das Leben einfacher und besser zu machen.

Die Automatisierung ist wie ein Autopilot für Maschinen und Systeme: Sie übernimmt sich wiederholende oder komplexe Aufgaben, ohne dass jemand ständig eingreifen muss. Stellen Sie sich eine automatische Waschmaschine vor – Sie wählen nur das Programm, und der Rest, vom Wasserzulauf über das Waschen bis zum Schleudern, geschieht wie von Zauberhand.

Das Herzstück der Automatisierung ist die **Regelungstechnik**, die dafür sorgt, dass ein System stets wie gewünscht funktioniert. Ein Regelungssystem arbeitet nach einem festen Muster: Es überwacht kontinuierlich den Zustand eines Prozesses (z. B. Temperatur, Geschwindigkeit oder Druck), vergleicht ihn mit einem Sollwert (dem gewünschten Ziel) und passt bei Abweichungen automatisch die Steuerung an. Das Ergebnis: Konstanz und Präzision.

Beispiel:
Denken Sie an die Klimaanlage in Ihrem Wohnzimmer. Sie stellen die gewünschte Temperatur (z. B. 22 Grad Celsius) ein. Die Klimaanlage misst die aktuelle Raumtemperatur und kühlt oder heizt, bis der Sollwert erreicht ist. So wird die Regelungstechnik zum unsichtbaren Komfortmanager in Ihrem Zuhause.

Um einen Prozess zu regeln, braucht es einen sogenannten **Regelkreis**. Stellen Sie sich den Regelkreis wie eine Schleife vor, in der ständig gemessen, verglichen und korrigiert wird.

Ein Regelkreis besteht aus:

- **Messglied:** Es misst den Ist-Zustand eines Prozesses. Beispiel: Ein Thermometer misst die Raumtemperatur.
- **Vergleicher:** Er prüft, ob der gemessene Ist-Wert mit dem gewünschten Soll-Wert übereinstimmt.
- **Regler:** Dieser ist das Gehirn des Systems. Er entscheidet, wie das System reagieren muss, um Abweichungen zu korrigieren.
- **Stellglied:** Es setzt die Entscheidung des Reglers um, z. B. durch Öffnen eines Ventils oder Erhöhen der Heizleistung.

Der wohl am häufigsten verwendete Regler ist der sogenannte **PID-Regler**, der sich aus drei Komponenten zusammensetzt:

- **P (Proportional):** Der Regler reagiert proportional zur Abweichung zwischen Soll- und Ist-Wert. Je größer der Unterschied, desto stärker wird eingegriffen. Beispiel: Bei großer Hitze arbeitet die Klimaanlage intensiver.
- **I (Integral):** Der Integralanteil berücksichtigt, wie lange eine Abweichung bereits besteht. Er verhindert, dass kleine Fehler übersehen werden, die sich über Zeit summieren könnten.

• **D (Derivative):** Der Derivative-Anteil reagiert auf die Geschwindigkeit der Änderung, um übermäßige Schwankungen zu verhindern. Er wirkt wie ein Stoßdämpfer.

Beispiel:
Denken Sie an ein Auto mit Tempomat. Der Proportionalanteil beschleunigt oder bremst, um die Zielgeschwindigkeit zu erreichen. Der Integralanteil sorgt dafür, dass kleine Steigungen oder Gefälle berücksichtigt werden. Der Derivative-Anteil sorgt dafür, dass das Fahrzeug nicht ruckartig beschleunigt oder abbremst, sondern sanft reagiert.

Die Automatisierungs- und Regelungstechnik findet in nahezu allen Bereichen des modernen Lebens Anwendung – von der Industrie bis in den Alltag. Hier sind einige Beispiele:

• **Fertigungsanlagen:** In der Automobilproduktion etwa arbeiten Roboterarme, die Karosserien schweißen oder lackieren, präzise und in perfekter Abstimmung miteinander. Sensoren messen dabei permanent die Positionen und Geschwindigkeiten, während Regelkreise sicherstellen, dass jeder Arbeitsschritt exakt ausgeführt wird. Ohne Automatisierungstechnik wäre die Massenproduktion, wie sie heute existiert, undenkbar.

• **Prozesssteuerung in der Chemieindustrie:** In chemischen Anlagen, wo Temperaturen und Drücke exakt eingehalten werden müssen, um gefährliche Reaktionen zu vermeiden, ist die Regelungstechnik lebenswichtig. Nehmen Sie beispielsweise die Produktion von Medikamenten: Ein zu hoher Druck in einem Reaktionsgefäß könnte nicht nur das Produkt verderben, sondern auch eine Explosion verursachen. Hier greifen PID-Regler ein und überwachen Temperatur und Druck, um ein sicheres Arbeiten zu gewährleisten.

• **Energieversorgung:** Elektrizitätswerke verwenden Regelungssysteme, um die Spannung und Frequenz im Stromnetz konstant zu halten. Ohne diese Technik würden Ihre Haushaltsgeräte bei jeder kleinen Schwankung beschädigt werden. Es ist, als ob ein unsichtbarer Dirigent ständig die Töne des Stromnetzes überwacht und anpasst.

• **Haushaltsanwendungen:** Automatisierung ist auch in Ihrem Zuhause allgegenwärtig. Denken Sie an Ihren Geschirrspüler, der erkennt, wie stark Ihr Geschirr verschmutzt ist, und die Wasser- sowie Spülmittelmenge entsprechend anpasst. Oder an eine smarte Beleuchtung, die sich automatisch dimmt, wenn die Sonne untergeht.

Automatisierungs- und Steuerungssysteme sind die stillen Helden unseres Alltags. Sie arbeiten unermüdlich im Hintergrund, um Prozesse präziser, sicherer und effizienter zu machen. Ob in einer Produktionshalle, einer chemischen Anlage oder in Ihrem Zuhause – sie schaffen Ordnung in einer Welt voller Variablen. Die Prinzipien der Regelungstechnik, insbesondere die Arbeit der PID-Regler, ermöglichen eine dynamische und flexible Steuerung, die sich schnell an Veränderungen anpasst.

Wenn Sie sich mit diesen Systemen beschäftigen, entdecken Sie nicht nur eine der wichtigsten Grundlagen moderner Technologie, sondern verstehen auch, wie viele der Annehmlichkeiten Ihres Lebens funktionieren.

Programmierbare Logikcontroller (PLC)

Programmierbare Logikcontroller, kurz **PLC** (aus dem Englischen: *Programmable Logic Controller*), sind wie das Gehirn moderner Maschinen. Sie überwachen, steuern und automatisieren industrielle Prozesse, ähnlich wie ein Dirigent ein Orchester führt. Mit ihrer Hilfe werden Maschinen präzise gesteuert, Aufgaben effizient erledigt und komplexe Abläufe vereinfacht. PLCs sind in der Welt der Elektrotechnik unverzichtbar und sorgen dafür, dass Produktionsanlagen, Transportsysteme und viele andere automatisierte Prozesse nahtlos funktionieren.

Ein PLC besteht aus mehreren Bausteinen, die wie die Organe eines Körpers zusammenarbeiten, um eine Maschine oder Anlage zu steuern. Folgende Bestandteile sind dabei besonders wichtig:

- **Zentraleinheit (CPU):** Die CPU ist das Gehirn des PLC. Hier werden alle Daten verarbeitet und Entscheidungen getroffen. Sie interpretiert das Programm, das ihr vorgegeben wird, und gibt Befehle an die angeschlossenen Geräte weiter.

Alltagsbeispiel: Stellen Sie sich die CPU wie einen Koch vor, der die Zutaten eines Rezepts interpretiert und die Anweisungen Schritt für Schritt ausführt.

- **Speicher:** Der Speicher eines PLCs bewahrt das Programm und wichtige Daten auf. Es gibt zwei Arten von Speicher:

- Der **Programmspeicher** enthält die Anweisungen, die der PLC ausführen soll.
- Der **Datenspeicher** speichert temporäre Werte, z. B. Sensordaten oder Zwischenergebnisse.
- **Vergleich:** Der Speicher eines PLCs ähnelt einem Notizbuch, in dem der Koch Rezepte aufschreibt und Hinweise zu einzelnen Gerichten notiert.

• **Eingangs- und Ausgangsmodul (I/O-Module):** Diese Module sind die Sinne und Hände des PLC. Sie erfassen Daten aus der Umgebung (z. B. durch Sensoren) und steuern Geräte wie Motoren, Lampen oder Ventile.
- **Eingangsmodul:** Nimmt Informationen von Sensoren auf, z. B. die Temperatur in einem Ofen oder die Position eines Werkstücks auf einem Förderband.
- **Ausgangsmodul:** Gibt Befehle an Aktoren weiter, zum Beispiel um einen Motor zu starten oder ein Ventil zu öffnen.

Alltagsbeispiel: Die Eingangs- und Ausgangsmodule funktionieren wie die Sinne eines Menschen. Ihre Augen und Ohren erfassen Informationen, und Ihre Hände oder Stimme setzen diese in Aktionen um.

• **Kommunikationsschnittstellen:** Über diese Schnittstellen kommuniziert der PLC mit anderen Geräten oder Systemen. Sie ermöglichen den Datenaustausch mit Computern, Netzwerken oder anderen PLCs.

Vergleich: Denken Sie an ein Handy, das es Ihnen erlaubt, mit anderen Menschen zu sprechen oder Nachrichten zu senden.

Die Programmierung eines PLC erfolgt über eine sogenannte **speicherprogrammierbare Steuerung (SPS)**. Sie gibt dem PLC die Anweisungen, wie er auf verschiedene Eingaben reagieren und welche Ausgaben er erzeugen soll. Diese Programme sind das Herzstück jeder Automatisierung und müssen sorgfältig erstellt werden.

Es gibt verschiedene Programmiersprachen, die speziell für PLCs entwickelt wurden. Die gängigsten sind:

• **Kontaktplan (KOP):** Diese Programmiersprache ähnelt einem Stromlaufplan. Sie zeigt logisch an, wie Schalter, Relais und andere Bauteile miteinander verbunden sind.

Alltagsbeispiel:
Stellen Sie sich einen Stromkreis vor, in dem Sie Lampen durch Schalter ein- und ausschalten können. KOP übersetzt diese Logik in ein elektronisches Programm.

• **Funktionsplan (FUP):** Hierbei werden Funktionen wie AND (und), OR (oder) oder NOT (nicht) verwendet, um die Logik zu definieren. FUP ist grafisch aufgebaut und erinnert an Schaltlogiken in der Mathematik.

Vergleich:
Ein FUP ist wie ein Entscheidungsbaum, der zeigt, was passiert, wenn verschiedene Bedingungen erfüllt sind.

• **Strukturierter Text (ST):** Diese Programmiersprache ähnelt klassischen Programmiersprachen wie C oder Python. Sie ist textbasiert und ermöglicht komplexere Befehle.

Alltagsbeispiel:
Denken Sie an eine schriftliche Anweisung, die jemand Schritt für Schritt befolgen kann.

• **Ablaufsprache (AS):** Diese Sprache teilt einen Prozess in verschiedene Schritte auf. Jeder Schritt wird nacheinander ausgeführt.

Vergleich:
AS ist wie ein Kochrezept, bei dem Schritt für Schritt vorgegangen wird: erst Teig kneten, dann ausrollen, dann backen.

Die Programmierung eines PLC erfolgt in der Regel über einen Computer, auf dem eine spezielle Software installiert ist. Das fertige Programm wird anschließend in den Speicher des PLC übertragen. Danach arbeitet der PLC völlig autonom und führt das Programm aus.

PLCs sind das Rückgrat der modernen Industrie. Ihre Fähigkeit, Prozesse zu automatisieren und flexibel auf Veränderungen zu reagieren, macht sie zu unverzichtbaren Helfern. Nachfolgend einige Beispiele, wie PLCs in der Praxis eingesetzt werden:

• **Förderbänder in Fabriken:** In Produktionsanlagen sorgen PLCs dafür, dass Werkstücke in der richtigen Reihenfolge transportiert werden. Sensoren erfassen die Position der Werkstücke, und der PLC steuert Motoren, um das Band anzuhalten oder weiterlaufen zu lassen.

Alltagsbeispiel:
Stellen Sie sich vor, Sie sortieren Obst in einer Küche. Sie greifen nach Äpfeln und legen sie in eine Schüssel, während die Orangen in eine andere kommen. Der PLC übernimmt diesen Prozess.

- **Abfüllanlagen:** In der Getränke- oder Lebensmittelindustrie regeln PLCs das Befüllen von Flaschen oder Verpackungen. Sie sorgen dafür, dass die richtige Menge eingefüllt wird und kein Tropfen verschwendet wird.

Vergleich:
Es ist, als ob ein unsichtbarer Kellner genau die Menge Wasser in Ihr Glas gießt, die Sie brauchen – ohne zu verschütten.

- **Verkehrsleitsysteme:** PLCs steuern auch Ampeln in Städten, um den Verkehr flüssig zu halten. Sie analysieren Daten von Sensoren, die den Verkehrsfluss messen, und passen die Schaltzeiten entsprechend an.

Alltagsbeispiel:
Denken Sie an einen Polizisten, der den Verkehr regelt, je nachdem, wie viele Autos sich auf einer Straße befinden.

- **Robotersteuerung:** In der Automobilproduktion steuern PLCs Roboter, die Karosserien zusammenschweißen, lackieren oder montieren. Sie synchronisieren die Bewegungen der Roboterarme, damit alles reibungslos abläuft.

Vergleich:
Die PLC ist wie ein Choreograf, der Tänzer (in diesem Fall Roboter) anleitet, eine perfekt abgestimmte Aufführung zu liefern.

Programmierbare Logikcontroller (PLCs) sind die stille Macht hinter den Kulissen der Industrie. Sie verbinden Sensoren, Maschinen und Menschen zu einem harmonischen Ganzen. Durch ihre Programmierbarkeit sind sie enorm vielseitig und können an die unterschiedlichsten Anforderungen angepasst werden – sei es in einer Fabrik, auf der Straße oder sogar in Ihrem Zuhause.

Regelungstechnik und PID-Regler

Die Regelungstechnik ist das unsichtbare Herz vieler technischer Systeme, die tagtäglich genutzt werden. Ob es sich um die Klimaanlage handelt, die Ihre Räume auf angenehme Temperaturen bringt, oder den Autopiloten eines Flugzeugs, der eine Maschine sicher durch die Lüfte steuert – ohne Regelungstechnik wären diese Wunderwerke moderner Technik schlichtweg nicht denkbar. Regelungstechnik sorgt dafür, dass Maschinen nicht nur Befehle ausführen, sondern intelligent auf Veränderungen reagieren und die gewünschten Zustände aufrechterhalten.

Ein Regelungssystem ist wie ein kluger Wächter, der ständig darüber wacht, dass ein gewünschter Zustand erreicht und gehalten wird – sei es die Temperatur, die Position eines Objekts oder der Druck in einer Leitung. Das Besondere an Regelungssystemen ist ihre Fähigkeit, Fehler zu erkennen und sich selbstständig zu korrigieren. Dieser Prozess wird als **Rückkopplung** bezeichnet.

Ein Regelungssystem besteht aus mehreren wesentlichen Elementen:

• **Sollwert:** Dies ist der gewünschte Zustand oder Wert, der erreicht werden soll – zum Beispiel eine Raumtemperatur von 22 Grad Celsius.

> **Alltagsbeispiel:**
> Wenn Sie Ihren Thermostat auf eine bestimmte Temperatur einstellen, legen Sie den Sollwert fest.

• **Istwert:** Der Istwert ist der aktuelle Zustand, der von Sensoren gemessen wird. Ein Thermometer misst beispielsweise die tatsächliche Raumtemperatur.

> **Vergleich:**
> Stellen Sie sich vor, Sie backen einen Kuchen und überprüfen ständig die Temperatur des Backofens mit einem Thermometer.

• **Regler:** Der Regler vergleicht den Sollwert mit dem Istwert. Wenn eine Abweichung festgestellt wird, entscheidet der Regler, welche Korrekturmaßnahmen erforderlich sind.

Alltagsbeispiel:
Wenn Ihr Ofen zu kalt ist, heizt der Regler nach. Ist er zu heiß, schaltet er die Heizung ab.

- **Stellglied:** Das Stellglied setzt die Anweisungen des Reglers in die Tat um. In einer Heizung wäre dies beispielsweise das Bauteil, das die Gaszufuhr reguliert oder die Heizelemente aktiviert.

Vergleich:
Das Stellglied ist wie Ihre Hand, die den Backofen höher oder niedriger einstellt.

- **Rückkopplung:** Sobald das Stellglied seine Arbeit verrichtet hat, wird der neue Istwert gemessen und zurückgemeldet. Dieser Kreislauf aus Messen, Vergleichen, Korrigieren und Rückmelden wird kontinuierlich durchlaufen.

Alltagsbeispiel:
Wenn Sie Wasser in eine Tasse gießen, halten Sie das Wasser immer wieder an, um zu überprüfen, ob die Tasse voll ist.

Ein besonders wichtiger Bestandteil vieler Regelungssysteme ist der **PID-Regler**. Er kombiniert drei verschiedene Ansätze – den proportionalen, den integralen und den derivativen Anteil – um die präziseste Regelung zu ermöglichen. Jeder dieser Anteile spielt eine Rolle, um das gewünschte Ergebnis zu erreichen.

a) Proportionalanteil (P):
Der Proportionalanteil reagiert direkt auf die Abweichung zwischen Soll- und Istwert. Je größer der Unterschied, desto stärker ist die Reaktion.

> **Alltagsbeispiel:**
> Stellen Sie sich vor, Sie fahren mit dem Auto. Wenn Sie feststellen, dass Sie zu weit links auf der Straße sind, lenken Sie sofort nach rechts, proportional zur Abweichung.

- **Vorteil:** Schnelle Reaktion.
- **Nachteil:** Kann zu einer bleibenden Abweichung führen, da er nur auf die aktuelle Differenz reagiert.

Integralanteil (I):
Der Integralanteil berücksichtigt nicht nur die momentane Abweichung, sondern auch, wie lange diese bereits besteht. Er summiert die Abweichungen über die Zeit und gleicht sie allmählich aus.

> **Alltagsbeispiel:**
> Denken Sie daran, wie ein Kellner eine Bestellung aufnimmt. Wenn er merkt, dass ein Kunde lange auf sein Essen wartet, wird er sich zunehmend beeilen, das Essen zu bringen.

- **Vorteil:** Beseitigt bleibende Abweichungen.
- **Nachteil:** Kann das System träger machen, da es eine verzögerte Reaktion erzeugt.

Derivativeanteil (D):
Der Derivativeanteil berücksichtigt, wie schnell sich die Abweichung verändert. Er wirkt wie eine Bremse, um das System zu stabilisieren und überschießende Reaktionen zu vermeiden.

> **Alltagsbeispiel:**
> Wenn Sie mit dem Auto bremsen und merken, dass Sie zu schnell abbremsen, lockern Sie den Druck auf das Bremspedal – das ist der Derivativeanteil.

- **Vorteil:** Erhöht die Stabilität des Systems.
- **Nachteil:** Kann empfindlich auf kleine Störungen reagieren.

Zusammenspiel der Anteile:
Ein PID-Regler kombiniert diese drei Ansätze, um die Vorteile zu maximieren und die Nachteile auszugleichen. Das Ergebnis ist ein Regler, der schnell, präzise und stabil arbeitet.

Vergleich:
Der PID-Regler ist wie ein erfahrener Autofahrer, der auf einer kurvigen Straße fährt. Er passt seine Geschwindigkeit (Proportionalanteil), berücksichtigt die Gesamtstrecke (Integralanteil) und antizipiert kommende Kurven (Derivativeanteil).

Regelungstechnik findet sich in vielen Bereichen des Alltags und der Industrie, insbesondere bei der Kontrolle von Temperatur, Druck und Position.

a)Temperaturregelung:
Ein klassisches Beispiel ist die Heizung in Ihrem Haus. Der Thermostat misst die aktuelle Raumtemperatur (Istwert) und vergleicht sie mit Ihrer gewünschten Temperatur (Sollwert). Wenn die Temperatur zu niedrig ist, aktiviert der Regler die Heizung.

Industriebeispiel:
In einem Backofen in der Lebensmittelindustrie muss die Temperatur präzise geregelt werden, um ein gleichmäßiges Backen zu gewährleisten.

b) Druckregelung:
In Rohrleitungssystemen, z. B. bei Wasserversorgung oder Gasleitungen, ist die Druckregelung grundlegend. Sensoren messen den Druck, und der Regler stellt sicher, dass der Druck innerhalb sicherer Grenzen bleibt.

Alltagsbeispiel:
Denken Sie an einen Gartenschlauch. Wenn der Wasserfluss zu stark ist, verringern Sie den Druck, indem Sie den Wasserhahn zudrehen.

c) Positionsregelung:
In Maschinen, die präzise Bewegungen ausführen müssen – etwa Roboterarme in der Automobilfertigung –, wird die Position permanent überwacht und korrigiert.

Alltagsbeispiel:
Wenn Sie versuchen, ein Bild an die Wand zu hängen, kontrollieren Sie ständig die Position des Nagels und passen ihn an, bis er perfekt sitzt.

Die Regelungstechnik und der PID-Regler sind Meisterwerke der modernen Technik, die es ermöglichen, Maschinen intelligent und flexibel zu machen. Durch das Zusammenspiel von Rückkopplung und den drei Regleranteilen (P, I und D) werden präzise Steuerungen ermöglicht, die in nahezu allen Bereichen der Technik zu finden sind. Ob Temperaturregelung in einer Heizung, Druckregelung in einer Pipeline oder die exakte Bewegung eines Roboterarms.

Hausautomation und das "Internet der Dinge" (IoT)

Das eigene Zuhause ist längst nicht mehr nur ein Ort des Rückzugs, sondern wird dank moderner Technologien zu einem smarten Begleiter im Alltag. Die Hausautomation und das „Internet der Dinge“ – kurz IoT – sind wie das Nervensystem eines intelligenten Hauses: Sie verknüpfen Haushaltsgeräte und -systeme miteinander, sorgen für mehr Komfort, Energieeffizienz und Sicherheit und ermöglichen eine Steuerung von praktisch überall auf der Welt.

Die Vernetzung von Haushaltsgeräten ist das Fundament der Hausautomation.

Beispiel:
Stellen Sie sich vor, Ihre Kaffeemaschine bereitet automatisch Ihren Morgenkaffee, sobald Ihr Wecker klingelt, oder die Heizung reguliert sich, bevor Sie nach Hause kommen, damit Ihre Räume angenehm warm sind. Dies wird durch die Integration von Sensoren, Aktoren und Kommunikationsschnittstellen ermöglicht, die miteinander sprechen und Informationen austauschen.

Die Basis jeder Vernetzung ist die Kommunikation zwischen Geräten. Geräte wie Lampen, Thermostate, Kameras oder Haushaltsgeräte wie Waschmaschinen und Kühlschränke sind heute oft mit kleinen Computern ausgestattet, die

Daten senden und empfangen können. Diese Daten werden über ein gemeinsames Netzwerk – meist WLAN – geteilt, sodass die Geräte miteinander interagieren können.

- **Sensoren:** Sensoren messen Zustände wie Temperatur, Bewegung oder Helligkeit. Zum Beispiel erkennt ein Bewegungsmelder, ob sich jemand im Raum befindet, und schaltet automatisch das Licht ein.
- **Aktoren:** Aktoren sind die „Macher", die auf Basis der Sensordaten handeln. Wenn der Bewegungsmelder eine Person erkennt, aktiviert der Aktor die Lampe.
- **Zentrale Steuerung:** Alle Geräte sind mit einer zentralen Steuerung verbunden, die als Gehirn des Systems agiert. Diese Steuerung koordiniert die Abläufe und stellt sicher, dass die richtigen Aktionen zur richtigen Zeit ausgeführt werden. Oft geschieht dies über eine **Smart-Home-App** auf Ihrem Smartphone.

Alltagsbeispiel:
Sie kommen abends nach Hause, und Ihr Haus reagiert automatisch: Die Haustür entriegelt sich, die Flurbeleuchtung schaltet sich ein, und im Wohnzimmer wird Ihre Lieblingsmusik abgespielt.

Damit diese Vernetzung funktioniert, müssen Geräte eine gemeinsame „Sprache" sprechen. Diese Sprache wird durch Kommunikationsprotokolle definiert, die festlegen, wie Informationen zwischen den Geräten ausgetauscht werden. Es gibt verschiedene Standards, die in der Hausautomation eine Rolle spielen.

Wichtige Kommunikationsprotokolle:

- **WLAN (Wi-Fi):** Viele Smart-Home-Geräte nutzen das vorhandene Heimnetzwerk, um Daten auszutauschen. WLAN ist universell und einfach zu nutzen, jedoch energieintensiv und nicht immer ideal für batteriebetriebene Geräte.
- **Zigbee und Z-Wave:** Diese Protokolle wurden speziell für die Hausautomation entwickelt. Sie sind stromsparend, arbeiten zuverlässig und eignen sich besonders für Geräte, die langfristig im Einsatz sind, wie smarte Thermostate oder Lampen.
- **Bluetooth:** Bluetooth ist ideal für die direkte Kommunikation zwischen Geräten in kurzer Reichweite, wie beispielsweise zwischen einem Smartphone und einer Musikanlage.

- **Thread:** Thread ist ein neues Protokoll, das speziell für IoT-Geräte entwickelt wurde. Es bietet schnelle, sichere und energieeffiziente Kommunikation.

Technologien hinter dem Smart Home:

- **Sprachsteuerung:** Sprachassistenten wie Amazon Alexa, Google Assistant oder Apple Siri ermöglichen die Steuerung von Smart-Home-Geräten mit einfachen Sprachbefehlen.

> **Beispiel:**
> Mit dem Satz „Alexa, schalte das Wohnzimmerlicht ein" wird das Licht sofort aktiviert.

- **Künstliche Intelligenz (KI):** KI lernt aus Ihren Gewohnheiten und passt sich an. Zum Beispiel merkt sich ein smarter Thermostat, wann Sie morgens aufstehen, und stellt automatisch die optimale Temperatur ein.

- **Geofencing:** Diese Technologie nutzt die Position Ihres Smartphones, um Aktionen auszulösen.

> **Beispiel:**
> Wenn Sie sich Ihrem Haus nähern, öffnet das System das Garagentor automatisch.

Eine der größten Stärken der Hausautomation ist die Möglichkeit, Ihr Zuhause jederzeit und von überall aus zu steuern und zu überwachen. Mit einer einfachen App auf Ihrem Smartphone oder Tablet können Sie sämtliche Geräte in Ihrem Haushalt verwalten.

Möglichkeiten der Steuerung:

- **Licht und Helligkeit:** Dimmen Sie das Licht, schalten Sie es ein oder aus, oder ändern Sie die Farbe – alles bequem per App.

> **Beispiel:**
> Im Urlaub können Sie das Licht in Ihrem Haus zu zufälligen Zeiten einschalten, um Einbrecher abzuschrecken.

- **Heizung und Klima:** Kontrollieren Sie die Temperatur in Ihrem Zuhause, unabhängig davon, ob Sie gerade auf dem Sofa sitzen oder 500 Kilometer entfernt sind.

> **Beispiel:**
> Auf dem Weg von der Arbeit nach Hause können Sie Ihre Heizung aktivieren, sodass es bei Ihrer Ankunft angenehm warm ist.

- **Überwachung:** Sicherheitskameras ermöglichen es, Ihr Zuhause jederzeit im Blick zu haben. Bei ungewöhnlichen Aktivitäten, wie einem unerwarteten Bewegungsalarm, werden Sie sofort benachrichtigt.

> **Beispiel:**
> Eine Push-Nachricht auf Ihrem Smartphone informiert Sie, wenn jemand Ihre Haustür betreten hat, und Sie können live über die Kamera sehen, was passiert.

Die Automatisierung von Haushalten und die Vernetzung von Geräten durch das Internet der Dinge (IoT) bieten zahlreiche Vorteile, die den Alltag erheblich erleichtern. Durch moderne Technologien können Wohnräume individuell angepasst, Prozesse optimiert und zahlreiche Tätigkeiten automatisiert werden. Dies führt nicht nur zu mehr Komfort, sondern auch zu einer besseren Energieeffizienz und erhöhter Sicherheit.

Ein zentraler Vorteil smarter Technologien ist die Verbesserung des Komforts. Zahlreiche Aufgaben, die sonst manuell erledigt werden müssten, können automatisch gesteuert werden. So lassen sich Beleuchtung, Heizung oder Jalousien bequem anpassen, ohne dass ein direkter Eingriff erforderlich ist. Beispielsweise kann sich das Licht morgens sanft einschalten, während die Jalousien gleichzeitig hochfahren, um einen angenehmen Start in den Tag zu ermöglichen. Dank Steuerungsmöglichkeiten über Apps oder Sprachassistenten lassen sich diese Systeme flexibel bedienen. Ein einfaches Sprachkommando kann das Licht dimmen, Musik abspielen oder die Temperatur regulieren, was den Alltag erheblich erleichtert.

Ein weiterer essenzieller Vorteil ist die Steigerung der Energieeffizienz. Durch intelligente Systeme lässt sich der Energieverbrauch gezielt reduzieren, was nicht nur Kosten senkt, sondern auch die Umwelt schont. Smarte Geräte erkennen beispielsweise, wenn sich niemand in einem Raum befindet, und schalten das Licht oder die Heizung automatisch aus. Intelligente Thermostate analysieren das Nutzungsverhalten und passen sich entsprechend an, sodass die Wohnung nur dann beheizt oder gekühlt wird, wenn es tatsächlich notwendig ist. Auch Standby-Geräte können systematisch abgeschaltet werden, um unnötigen Stromverbrauch zu vermeiden. Auf diese Weise lassen sich langfristig erhebliche Einsparungen erzielen.

Neben Komfort und Energieeinsparung spielt die Sicherheit eine entscheidende Rolle. Vernetzte Überwachungssysteme, Bewegungsmelder und smarte Alarme tragen dazu bei, das Zuhause optimal zu schützen. Dank moderner Sicherheitskameras, die in Echtzeit auf mobile Endgeräte übertragen, können Hausbesitzer ihr Zuhause auch aus der Ferne überwachen. Sollte eine verdächtige Bewegung erkannt werden, wird eine automatische Benachrichtigung gesendet. In Urlaubszeiten bietet sich zusätzlich die Möglichkeit, Lichter oder Rollläden zu zufälligen Zeiten ein- und auszuschalten, um Anwesenheit vorzutäuschen. Smarte Türschlösser ermöglichen zudem den schlüssellosen Zugang per App oder Code, sodass kein physischer Schlüssel mehr benötigt wird. Diese Sicherheitsmaßnahmen erhöhen nicht nur den Schutz, sondern bieten auch ein beruhigendes Gefühl.

Ein weiteres überzeugendes Merkmal moderner Hausautomation ist die hohe Flexibilität. Systeme können individuell erweitert und an veränderte Bedürfnisse angepasst werden. So kann zunächst mit einer Grundausstattung begonnen und das System später durch zusätzliche Komponenten wie smarte Beleuchtung, automatisierte Bewässerung oder erweiterte Sicherheitslösungen ergänzt werden. Da viele dieser Technologien miteinander kompatibel sind, lassen sich bestehende Geräte problemlos in das Smart-Home-Ökosystem integrieren. Dies ermöglicht eine kontinuierliche Weiterentwicklung der Hausautomation und sorgt dafür, dass sie immer auf dem neuesten Stand bleibt.

Die Anwendungsbereiche smarter Technologien gehen weit über grundlegende Funktionen hinaus. In der Küche können vernetzte Geräte beispielsweise Rezeptvorschläge auf Basis verfügbarer Zutaten machen oder Einkaufserinnerungen senden, wenn bestimmte Lebensmittel zur Neige gehen. Moderne Kühlschränke können sogar selbstständig Bestellungen aufgeben, um Vorräte rechtzeitig aufzufüllen. Im Badezimmer lassen sich Duschen so programmieren, dass sie die bevorzugte Wassertemperatur jedes Familienmitglieds erkennen und entsprechend regulieren.

Auch im Garten bieten sich zahlreiche Einsatzmöglichkeiten. Eine intelligente Bewässerungsanlage misst die Bodenfeuchtigkeit und stellt sicher, dass nur bei tatsächlichem Bedarf gegossen wird, wodurch Wasser gespart wird. Automatisierte Mähroboter sorgen für einen gepflegten Rasen, ohne selbst eingreifen zu müssen. All diese Systeme tragen dazu bei, das Leben bequemer zu gestalten und gleichzeitig Ressourcen effizient zu nutzen.

Zusammenfassend lässt sich sagen, dass Hausautomation und das Internet der Dinge den Wohnkomfort erheblich steigern, Energie sparen und für mehr Sicherheit sorgen. Dank der vielseitigen Erweiterungsmöglichkeiten können Haushalte nach individuellen Vorstellungen gestaltet und kontinuierlich optimiert werden. Ob im Wohnbereich, im Garten oder im Sicherheitssektor – moderne Technologien revolutionieren den Alltag und tragen dazu bei, dass Wohnen intelligenter, nachhaltiger und komfortabler wird.

Hausautomation und das „Internet der Dinge" verbinden Technik und Alltag auf eine Weise, die das Leben komfortabler, sicherer und effizienter macht. Ihr Zuhause wird zu einem aktiven Partner, der nicht nur auf Ihre Bedürfnisse eingeht, sondern vorausschauend handelt.

TESTEN SIE NUN IHR WISSEN

1. Was ist die Automatisierung in der Elektrotechnik?

a) Die manuelle Steuerung von Geräten.

b) Die Übertragung von Daten zwischen Geräten.

c) Die Nutzung von Maschinen oder Systemen, um Prozesse ohne menschliche Eingriffe auszuführen.

d) Die Verbindung von Haushaltsgeräten mit dem Internet.

2. Welches Ziel verfolgt die Steuerungstechnik?

a) Prozesse manuell zu steuern.

b) Den Zustand eines Systems gezielt zu beeinflussen.

c) Energieverbrauch zu maximieren.

d) Geräte mit höherer Spannung zu betreiben.

3. Was ist ein programmierbarer Logikcontroller (PLC)?

a) Ein elektronisches Bauteil zur Spannungsumwandlung.

b) Ein Computer, der industrielle Maschinen und Prozesse steuert.

c) Eine App zur Steuerung von Smart-Home-Geräten.

d) Ein Gerät zur Messung von Strom und Spannung.

4. Wofür werden PLCs typischerweise verwendet?

a) Zur Steuerung von Beleuchtungssystemen in Haushalten.

b) Zur Steuerung von Produktionslinien in der Industrie.

c) Zum Testen von Schaltkreisen in Laboren.

d) Zur Verbesserung der WLAN-Signalstärke.

5. Was macht ein PID-Regler in einem Steuerungssystem?

a) Er startet und stoppt Geräte manuell.

b) Er regelt Prozesse automatisch, indem er proportional, integral und differenziell auf Abweichungen reagiert.

c) Er misst die Temperatur in einem System.

d) Er wandelt analoge Signale in digitale Signale um.

6. Ein Beispiel für einen PID-Regler ist:

a) Eine Lampe, die mit einem Schalter eingeschaltet wird.

b) Eine Waschmaschine, die automatisch Wasserzufuhr und Temperatur anpasst.

c) Ein Heizlüfter ohne Temperaturregelung.

d) Ein einfacher Lichtschalter.

7. Was ist das "Internet der Dinge" (IoT)?

a) Ein Netzwerk aus Computern in Unternehmen.

b) Ein Konzept, bei dem physische Geräte über das Internet miteinander vernetzt sind und Daten austauschen.

c) Eine Methode zur Erzeugung von Wechselstrom.

d) Ein Verfahren zur Energiespeicherung.

8. Ein Beispiel für ein IoT-Gerät im Haushalt ist:

a) Eine herkömmliche Glühbirne.

b) Eine LED, die mit einem Lichtschalter gesteuert wird.

c) Eine smarte Steckdose, die sich über das Smartphone steuern lässt.

d) Eine Batterie ohne Verbindung zum Internet.

9. Welche Vorteile bietet die Hausautomation?

a) Höherer Stromverbrauch.

b) Bequeme Steuerung und Energieeinsparung durch intelligente Geräte.

c) Mehr Wartungsaufwand für Geräte.

d) Keine Veränderung im Alltag.

10. Welche Kombination beschreibt ein modernes Smart-Home-System?

a) Eine Kaffeemaschine und eine normale Steckdose.

b) Ein intelligenter Thermostat, der die Heizung automatisch anpasst, basierend auf den Außentemperaturen.

c) Eine Waschmaschine, die ohne Wasseranschluss betrieben wird.

d) Ein Kühlschrank ohne jegliche elektronische Komponenten.

Lösungen:

1: c, 2: b, 3: b, 4: b, 5: b, 6: b, 7: b, 8: c, 9: b, 10: b

Kapitel 10: Elektromagnetische Felder und Wellen

Maxwell'sche Gleichungen und elektromagnetische Felder

Die Maxwell'schen Gleichungen bilden das Fundament der Elektrodynamik und beschreiben, wie elektrische und magnetische Felder miteinander interagieren. Diese vier zentralen Gleichungen sind vergleichbar mit den Naturgesetzen, die das Verhalten von Licht, Funkwellen und elektrischen Signalen erklären. Ohne sie wäre die moderne Kommunikationstechnik mit Mobilfunk, WLAN und Radiosendungen nicht denkbar. Um diese komplexen Zusammenhänge besser zu verstehen, hilft es, sich elektromagnetische Felder als unsichtbare Ströme vorzustellen, die durch den Raum fließen und Informationen transportieren.

Ein elektrisches Feld entsteht, wenn eine elektrische Ladung vorhanden ist – ähnlich wie die Spannung zwischen zwei Wolken vor einem Gewitter. Sobald sich Ladungen bewegen, wie Wasser durch ein Rohr, entsteht ein Magnetfeld. Diese beiden Phänomene sind untrennbar miteinander verbunden, ähnlich wie zwei Tänzer, die sich im Rhythmus gegenseitig beeinflussen. Die Maxwell'schen Gleichungen beschreiben genau diese Wechselwirkungen und zeigen, dass veränderliche elektrische Felder magnetische Felder erzeugen und umgekehrt.

Die erste dieser Gleichungen, das **Gaußsche Gesetz für elektrische Felder,**

$$\vec{\nabla} \times \vec{E} = \frac{\rho}{\varepsilon_0}$$

beschreibt, dass elektrische Ladungen elektrische Felder erzeugen. Dies kann wie eine aufgeblasene Luftballonhülle vorgestellt werden, die durch innere Luftdruckkräfte gespannt wird. Ebenso strömen die Feldlinien eines elektrischen Feldes von positiven zu negativen Ladungen.

Beispiel:
Ein Luftballon wird an den Haaren gerieben: Die statische Ladung zieht die Haare an, weil das elektrische Feld zwischen Ballon und Haaren wirkt.

Das Gaußsche Gesetz für magnetische Felder,

$$\vec{\nabla} \times \vec{B} = 0$$

die zweite Gleichung, macht deutlich, dass es im Gegensatz zu elektrischen Ladungen keine isolierten magnetischen Pole gibt. Wer schon einmal einen Magneten zerbrochen hat, wird feststellen, dass immer wieder zwei Pole entstehen. Das Magnetfeld ist also eine Art geschlossener Kreislauf, vergleichbar mit einem endlosen Wasserwirbel.

Beispiel:
Der Magnetverschluss an einer Handtasche oder einer Kühlschranktür: Das Magnetfeld hält die Tür sicher geschlossen, ohne dass ein mechanischer Verschluss benötigt wird.

Die dritte Gleichung, das **Faraday'sche Induktionsgesetz**,

$$\vec{\nabla} \times \vec{\mathrm{E}} = \frac{\partial \vec{B}}{\partial t}$$

beschreibt, dass ein sich änderndes Magnetfeld eine elektrische Spannung erzeugen kann. Dies ist das Prinzip, nach dem Generatoren Strom erzeugen: Eine sich drehende Magnetspule in einem Kraftwerk erzeugt durch Bewegung ein elektrisches Feld, das als Energie nutzbar wird – genau wie ein Fahrrad-Dynamo, der Licht produziert, wenn sich das Rad dreht. Auch kabellose Ladegeräte für Smartphones nutzen dieses Prinzip: Die Spule im Ladegerät erzeugt ein Magnetfeld, das in der Spule des Smartphones eine elektrische Spannung induziert und so den Akku auflädt.

Schließlich beschreibt das **Ampère-Maxwell-Gesetz**,

$$\vec{\nabla} \times \vec{\mathrm{B}} = (\vec{J} + \varepsilon_0 \frac{\partial \vec{E}}{\partial t})$$

dass ein elektrischer Strom oder ein veränderliches elektrisches Feld ein Magnetfeld erzeugt. Dieses Prinzip ermöglicht das Funktionieren von Elektromagneten, die beispielsweise in Lautsprechern, MRT-Geräten oder Induktionskochfeldern genutzt werden. Hierdurch lassen sich starke Magnetfelder gezielt erzeugen und für technische Anwendungen nutzbar machen.

Beispiel:
Eine elektrische Türklingel: Beim Drücken des Schalters fließt Strom durch eine Spule, wodurch ein Magnetfeld entsteht, das einen kleinen Hammer bewegt und die Glocke zum Klingen bringt.

Diese vier Gleichungen zeigen nicht nur, wie elektrische und magnetische Felder entstehen, sondern auch, wie sie sich als elektromagnetische Wellen ausbreiten. Diese Wellen sind allgegenwärtig: Radiowellen transportieren Musiksignale, Mikrowellen erhitzen Speisen, und Licht selbst ist eine elektromagnetische Welle, die Farben sichtbar macht. Die elektromagnetischen Wellen bewegen sich mit Lichtgeschwindigkeit fort und durchdringen oft Materialien – so können beispielsweise Radiowellen durch Wände dringen, während sichtbares Licht daran reflektiert wird.

Beispiel:
Für die Wirkung elektromagnetischer Wellen ist das Öffnen einer automatischen Tür im Supermarkt: Ein Radarsensor sendet elektromagnetische Wellen aus, die von einer Person reflektiert werden. Sobald eine Bewegung erkannt wird, öffnet sich die Tür automatisch.

In der Hochfrequenztechnik und Telekommunikation sind die Maxwell'schen Gleichungen von zentraler Bedeutung. Mobiltelefone, Satellitenkommunikation und WLAN-Netzwerke basieren darauf, dass elektromagnetische Wellen Informationen über große Distanzen transportieren. Ein Mobilfunkmast sendet Wellen aus, die von einem Handy empfangen und in elektrische Signale umgewandelt werden – vergleichbar mit einer Welle auf dem Wasser, die einen Schwimmer erreicht und ihn sanft anhebt.

Beispiel:
Satellitenfernsehen oder GPS-Navigation: Satelliten senden Signale zur Erde, die von Empfängern ausgewertet werden, um den Standort zu bestimmen oder Fernsehprogramme zu empfangen.

Die Kontrolle dieser Wellen ist von grundlegender Bedeutung für den modernen Alltag. Hochfrequenztechnik ermöglicht nicht nur schnurlose Kommunikation, sondern auch Technologien wie Radar, medizinische Bildgebung und drahtlose Energieübertragung. Elektromagnetische Felder spielen damit eine unsichtbare, aber allgegenwärtige Rolle im technologischen Fortschritt und machen die Welt vernetzter, effizienter und komfortabler.

Beispiel:
Die kontaktlose Bezahlung mit einer EC-Karte oder einem Smartphone: Beim Annähern an das Lesegerät werden über elektromagnetische Felder Daten übertragen, sodass die Zahlung in Sekundenschnelle erfolgt, ohne dass physischer Kontakt nötig ist.

Letztendlich sind die Maxwell'schen Gleichungen nicht nur eine theoretische Grundlage der Elektrotechnik, sondern auch eine treibende Kraft hinter zahllosen Innovationen, die das tägliche Leben erleichtern, vernetzen und revolutionieren.

Elektromagnetische Wellen und drahtlose Kommunikation

Elektromagnetische Wellen sind eine unsichtbare, aber allgegenwärtige Kraft, die den modernen Alltag in vielerlei Hinsicht beeinflusst. Sie sind das Fundament der drahtlosen Kommunikation und ermöglichen es, Informationen über große Distanzen hinweg zu übertragen. Ohne elektromagnetische Wellen wäre die heutige vernetzte Welt mit Mobilfunk, WLAN und Satellitenkommunikation undenkbar. Sie finden Anwendung in vielen Bereichen der Technik, von einfachen Radiosignalen bis hin zu hochmodernen Radar- und Medizingeräten.

Die Ausbreitung elektromagnetischer Wellen lässt sich mit Wellen auf einer Wasseroberfläche vergleichen. Wenn ein Stein in einen See geworfen wird, breiten sich kreisförmige Wellen in alle Richtungen aus. Ähnlich verhalten sich elektromagnetische Wellen, mit dem Unterschied, dass sie sich nicht nur durch Luft oder Wasser, sondern auch im Vakuum fortpflanzen können, ohne ein Medium zu benötigen. Ihre Geschwindigkeit entspricht der des Lichts, also etwa 300.000 Kilometer pro Sekunde. Je nach Frequenz und Wellenlänge können sie unterschiedliche Materialien durchdringen oder reflektiert werden. Beispielsweise durchdringen Radiowellen Gebäudewände, während sichtbares Licht daran reflektiert wird.

Die drahtlose Kommunikation nutzt elektromagnetische Wellen, um Informationen zwischen Geräten zu übertragen. Mobilfunk, WLAN, Radio und Fernsehen sind nur einige Beispiele für Technologien, die auf diesem Prinzip basieren. Beim Mobilfunk sendet ein Handy Signale an den nächstgelegenen Sendemast, der die Information weiterleitet. Dies geschieht in Bruchteilen einer Sekunde, wodurch Telefonate und Internetnutzung möglich werden.

WLAN funktioniert nach einem ähnlichen Prinzip, allerdings auf kürzeren Distanzen innerhalb von Gebäuden. Ein weiteres Beispiel ist die Bluetooth-Technologie, die es erlaubt, Geräte wie Kopfhörer oder Lautsprecher ohne Kabel zu verbinden. Auch Satellitenkommunikation nutzt elektromagnetische Wellen, um Fernsehsignale oder GPS-Daten über tausende Kilometer hinweg zu übertragen.

Antennen spielen eine entscheidende Rolle bei der drahtlosen Kommunikation, da sie elektromagnetische Wellen senden und empfangen. Eine Antenne kann wie das Ohr eines Menschen vorgestellt werden: Sie nimmt Signale aus der Umgebung auf und wandelt sie in elektrische Signale um, die verarbeitet werden können. Ebenso funktioniert eine Sendeantenne, nur in umgekehrter Richtung.

Beispiel:
Die Fernsehantenne auf dem Dach empfängt die Signale aus der Luft und leitet sie an den Fernseher weiter.

Moderne Smartphones haben winzige, aber leistungsstarke Antennen integriert, die gleich mehrere Funktechnologien wie WLAN, Bluetooth und Mobilfunk gleichzeitig nutzen. In der Hochfrequenztechnik werden spezielle Antennentypen genutzt, um beispielsweise Radarwellen auszusenden, die zur Erfassung von Flugzeugen oder zur Geschwindigkeitsmessung von Fahrzeugen verwendet werden.

Alltagsbeispiele verdeutlichen die Tragweite elektromagnetischer Wellen: Wenn eine Person einen Anruf tätigt, durchläuft das gesendete Signal zahlreiche Antennen, bevor es beim Gesprächspartner ankommt. WLAN-Router zu Hause senden und empfangen kontinuierlich Daten, um Streaming, Online-Shopping oder Videokonferenzen zu ermöglichen. Auch die Navigation mittels GPS basiert auf elektromagnetischen Wellen, die von Satelliten zur Erde gesendet werden. Ein weiteres Beispiel ist das berührungslose Bezahlen per NFC (Near Field Communication), das elektromagnetische Wellen zur Übertragung von Zahlungsdaten nutzt.

Auch im Gesundheitswesen spielen elektromagnetische Wellen eine wichtige Rolle. Magnetresonanztomographie (MRT) nutzt starke Magnetfelder und Radiowellen, um detaillierte Bilder des Körpers zu erzeugen. Mikrowellenherde erwärmen Speisen durch elektromagnetische Wellen, die Wassermoleküle in Bewegung versetzen und so Wärme erzeugen. Selbst die Sonnenstrahlung besteht aus elektromagnetischen Wellen unterschiedlicher Wellenlängen, von unsichtbarem UV-Licht bis hin zu sichtbarem Licht.

Letztendlich machen elektromagnetische Wellen die moderne Kommunikation erst möglich. Sie überwinden Distanzen, verbinden Menschen und treiben technologische Innovationen voran. Sie sind aus dem Alltag nicht mehr wegzudenken, da sie nicht nur der Informationsübertragung, sondern auch der medizinischen Diagnostik, der Energieübertragung und der Sicherheitstechnik dienen. Ohne sie wäre die heutige digitale Welt kaum vorstellbar.

ANTENNEN UND STRAHLUNG VON ELEKTROGERÄTEN

Antennen sind wichtige Bestandteile moderner Kommunikationstechnologien und kommen in zahlreichen Anwendungen zum Einsatz, von Mobilfunknetzen bis hin zu Satellitenverbindungen. Sie dienen dazu, elektromagnetische Wellen zu senden und zu empfangen, und unterscheiden sich je nach Verwendungszweck, Bauart und physikalischen Eigenschaften. Ohne Antennen wäre der Austausch von Informationen über Funkstrecken nicht möglich, weshalb sie eine zentrale Rolle in der drahtlosen Kommunikation spielen. Sie sind in vielen Bereichen des alltäglichen Lebens unverzichtbar und sorgen dafür, dass Daten, Sprache und Signale effizient und verlustfrei übertragen werden.

Es gibt verschiedene Antennentypen, die jeweils spezifische Eigenschaften besitzen. Eine der bekanntesten ist die Dipolantenne, die aufgrund ihrer einfachen Bauweise häufig in Radiosystemen verwendet wird. Sie besteht aus zwei elektrisch leitenden Elementen, die das Signal abstrahlen und empfangen. Eine weitere verbreitete Bauform ist die Yagi-Antenne, die durch ihre gerichtete Strahlung vor allem in terrestrischen Fernsehempfangsanlagen oder Funkanwendungen genutzt wird. Parabolantennen hingegen zeichnen sich durch eine stark gebündelte Strahlung aus und finden insbesondere in der Satellitenkommunikation Verwendung. Auch Panel- und Patchantennen, die häufig in WLAN-Netzwerken oder modernen Mobilfunkstationen eingesetzt werden, ermöglichen eine gezielte Signalübertragung und sind darauf ausgelegt, stabile Verbindungen zu ermöglichen. Logarithmisch-periodische Antennen, die eine große Bandbreite abdecken, kommen häufig in Messsystemen oder als Fernsehantennen zum Einsatz. Weiterhin existieren spezielle Helix- oder Loop-Antennen, die für bestimmte Anwendungen, etwa in der Satellitenkommunikation oder im RFID-Bereich, eingesetzt werden.

Die Richtwirkung von Antennen ist ein entscheidender Faktor für die Übertragungseffizienz. Einige Antennen, wie Rundstrahlantennen, senden und empfangen Signale gleichmäßig in alle Richtungen, was sie ideal für mobile Geräte macht. Andere, wie gerichtete Antennen, konzentrieren das Signal in eine bestimmte Richtung, was zu einer höheren Reichweite und besseren Signalqualität führt. Dies ist besonders in Bereichen wie dem Richtfunk oder bei WLAN-Verbindungen über lange Distanzen von Bedeutung. Eine Parabolantenne beispielsweise kann ein Signal über tausende Kilometer hinweg empfangen, indem sie die eintreffenden Wellen bündelt und an einen Empfangspunkt konzentriert. Dies ist wesentlich für Satellitenkommunikation, bei der

Signale aus dem All mit minimalem Energieverlust zur Erde gesendet werden. Auch in der Radar- und Luftfahrttechnik werden stark gerichtete Antennen eingesetzt, um Objekte zu orten oder hochpräzise Kommunikationsverbindungen zwischen Flugzeugen und Bodenstationen sicherzustellen.

Neben der Funktion von Antennen spielt die Strahlung von Elektrogeräten eine zentrale Rolle in der elektromagnetischen Verträglichkeit (EMV). Jedes elektrische Gerät erzeugt elektromagnetische Felder, die unter bestimmten Umständen andere elektronische Systeme stören können. Dies betrifft nicht nur Kommunikationssysteme, sondern auch Haushaltsgeräte, medizinische Technik oder industrielle Steueranlagen. Um Störeinflüsse zu minimieren, werden EMV-Richtlinien und Abschirmtechniken eingesetzt. Ein klassisches Beispiel sind abgeschirmte Kabel oder spezielle Beschichtungen in Geräten, die verhindern, dass unerwünschte Strahlung nach außen dringt oder von anderen Quellen aufgenommen wird. Besonders in sensiblen Bereichen, wie in Krankenhäusern oder in der Luftfahrt, ist eine strenge EMV-Regulierung notwendig, um Interferenzen mit lebenswichtigen Systemen zu verhindern.

Beispiel:
Der Betrieb eines Smartphones. Während des Telefonierens oder beim Surfen im Internet kommuniziert das Gerät über eine Antenne mit dem nächstgelegenen Mobilfunkmast. Dabei entstehen elektromagnetische Felder, die exakt abgestimmt sein müssen, um eine reibungslose Kommunikation zu gewährleisten, ohne dabei benachbarte elektronische Geräte zu stören.

Auch WLAN-Router in Haushalten nutzen gerichtete oder Rundstrahlantennen, um eine optimale Funkabdeckung zu erreichen. Eine weitere alltagsnahe Anwendung sind RFID-Chips, die beispielsweise in kontaktlosen Bezahlsystemen, Zugangskarten oder in der Logistik genutzt werden. Diese kleinen Antennensysteme können Daten drahtlos über kurze Distanzen übertragen, was Prozesse enorm vereinfacht und beschleunigt. Ein weiteres Beispiel ist das Navigationssystem im Auto, das über GPS-Antennen Signale von Satelliten empfängt und die genaue Position des Fahrzeugs bestimmt. Auch moderne Smart-Home-Systeme nutzen Funkverbindungen mit integrierten Antennen, um Beleuchtung, Heizung oder Sicherheitskameras bequem per App zu steuern.

Zusammenfassend sind Antennen unverzichtbare Komponenten der modernen drahtlosen Kommunikation. Die Wahl des richtigen Antennentyps sowie die Kontrolle der elektromagnetischen Strahlung sind entscheidend für eine effiziente und störungsfreie Signalübertragung. Durch gezielte EMV-Maßnahmen kann sichergestellt werden, dass elektronische Geräte nebeneinander betrieben werden können, ohne sich gegenseitig zu beeinträchtigen.

Ob in der Satellitenkommunikation, im Mobilfunk oder bei modernen IoT-Anwendungen – Antennen und deren Strahlung beeinflussen das alltägliche Leben in vielfacher Weise und werden auch in Zukunft eine zentrale Rolle bei der Weiterentwicklung drahtloser Technologien spielen. Mit der ständigen Weiterentwicklung der Kommunikationstechnologien, von 5G über intelligente Verkehrssysteme bis hin zu hochfrequenten Radarsensoren, werden Antennen immer leistungsfähiger und vielseitiger einsetzbar. Sie tragen maßgeblich dazu bei, dass die Welt vernetzter, effizienter und komfortabler wird.

Testen Sie nun Ihr Wissen

1. Welche physikalische Größe beschreibt die elektrische Feldstärke?

a) Ampere (A)

b) Ohm (Ω)

c) Watt (W)

d) Volt pro Meter (V/m)

2. Was ist die grundlegende Bedeutung der Maxwell'schen Gleichungen?

a) Sie beschreiben die Bewegung von Elektronen in Leitern.

b) Sie erklären die Entstehung und Ausbreitung elektromagnetischer Felder.

c) Sie regeln die Frequenz von Wechselstromnetzen.

d) Sie definieren die Kapazität eines Kondensators.

3. Wie breiten sich elektromagnetische Wellen im freien Raum aus?

a) In Form von Schallwellen durch ein Medium.

b) Als stehende Wellen ohne Ausbreitung.

c) Nur entlang elektrischer Leiter.

d) In geraden Linien mit konstanter Geschwindigkeit.

4. Welche Frequenzbereiche werden typischerweise für Mobilfunk verwendet?

a) 0,1 – 10 Hz

b) 3 – 30 kHz

c) 800 MHz – 6 GHz

d) 10 – 100 THz

5. Welche Aufgabe hat eine Antenne?

a) Sie speichert elektrische Energie für kurze Zeiträume.

b) Sie reduziert elektromagnetische Interferenzen.

c) Sie verstärkt Hochfrequenzsignale durch Widerstand.

d) Sie wandelt elektromagnetische Wellen in elektrische Signale um und umgekehrt.

6. Welche Antennenart wird häufig für Satellitenkommunikation verwendet?

a) Dipolantenne

b) Yagi-Antenne

c) Parabolantenne

d) Stabantenne

7. Warum sind elektromagnetische Verträglichkeitsmaßnahmen (EMV) wichtig?

a) Sie verhindern den Stromfluss in Antennen.

b) Sie minimieren Störungen zwischen elektronischen Geräten.

c) Sie beschleunigen die Ausbreitung elektromagnetischer Wellen.

d) Sie erhöhen die Signalstärke durch Interferenzen.

8. Wie funktioniert eine Richtantenne?

a) Sie strahlt elektromagnetische Wellen in alle Richtungen gleichmäßig ab.

b) Sie sendet und empfängt Signale gezielt in eine bestimmte Richtung.

c) Sie verstärkt elektromagnetische Wellen durch Reflexion.

d) Sie reduziert die Frequenz von Signalen zur besseren Übertragung.

9. Warum werden Hochfrequenzsignale für drahtlose Kommunikation bevorzugt?

a) Sie benötigen weniger Energie als Niedrigfrequenzsignale.

b) Sie ermöglichen eine schnellere Datenübertragung und kompakte Antennen.

c) Sie sind weniger anfällig für externe Störungen.

d) Sie können nur in Vakuum übertragen werden.

10. Ein Beispiel für elektromagnetische Wellen im Alltag ist:

a) Der Transport von Elektronen in einem Kupferkabel.

b) Das Klingeln einer mechanischen Türklingel.

c) Das Senden und Empfangen von WLAN-Signalen.

d) Der Fluss von Wasser in einer Rohrleitung.

Lösungen:

1: d, 2: b, 3: d, 4: c, 5: d, 6: c, 7: b, 8: b, 9: b, 10: c

Formelsammlung Elektrotechnik

1. Grundlagen und Einheiten

Größe/Gatter	Formel	Einheit	Wofür?
Spannung	$U = W/Q$	Volt (V)	Gibt an, welche Arbeit W nötig ist, um eine Ladung Q zu bewegen.
Stromstärke	$I = Q/t$	Ampere (A)	Misst die Ladung Q, die pro Zeit t fließt.
Widerstand	$R = U/I$	Ohm (Ω)	Bestimmt, wie stark der Strom durch ein Bauteil begrenzt wird.
Leitwert	$G = 1/R$	Siemens (S)	Zeigt, wie gut ein Bauteil Strom leitet.
Leistung	$P = U \cdot I$	Watt (W)	Energieumsatz pro Zeit, nützlich für Geräte-Bewertung.
Energie	$W = P \cdot t$	Joule (J)	Gesamtarbeit oder Wärme, die in Zeit t erzeugt wird.
Ladung	$Q = I \cdot t$	Coulomb (C)	Gesamtmenge an bewegten Elektronen über die Zeit.

2. Ohmsches Gesetz und Kirchhoffsche Sätze

Größe/Gatter	Formel	Wofür?
Ohmsches Gesetz	U = R·I	Grundgleichung für Widerstände: Spannung und Stromfluss verknüpft.
Kirchhoffscher Knotenpunktsatz	∑ I_ein = ∑ I_aus	An einem Knoten fließt so viel Strom hinein wie hinaus.
Kirchhoffscher Maschensatz	∑ U = 0	In einer geschlossenen Schleife heben sich alle Spannungen auf.

3. Reihen- und Parallelschaltungen

Größe/Gatter	Formel	Einheit	Wofür?
Widerstände in Reihe	R_ges = R1 + R2 + ... + Rn	Ω	Strom ist überall gleich, Spannungen addieren sich.
Widerstände parallel	1/R_ges = 1/R1 + 1/R2 + ...	Ω	Erhöht die Gesamtleitfähigkeit.
Kondensatoren in Reihe	1/C_ges = 1/C1 + ...	F	Verringert die Gesamtkapazität.
Kondensatoren parallel	C_ges = C1 + C2 + ...	F	Kapazitäten addieren sich.
Induktivitäten in Reihe	L_ges = L1 + L2 + ...	H	Induktivitäten addieren sich.
Induktivitäten parallel	1/L_ges = 1/L1 + ...	H	Verringert die Gesamtinduktivität.

4. Wechselstrom (AC)

Größe/Gatter	Formel	Einheit	Wofür?
Effektivwert	$I_{eff} = I_{max}/\sqrt{2}$, $U_{eff} = U_{max}/\sqrt{2}$	A, V	Vergleichswerte für Gleichstrom.
Scheinleistung	$S = U_{eff} \cdot I_{eff}$	VA	Gesamtleistung ohne Phasenwinkel.
Wirkleistung	$P = U_{eff} \cdot I_{eff} \cdot \cos\phi$	W	Tatsächlich genutzte Leistung.
Blindleistung	$Q = U_{eff} \cdot I_{eff} \cdot \sin\phi$	var	Leistung, die zwischen Quelle und reaktiven Bauteilen pendelt.
Leistungsfaktor	$\lambda = \cos\phi = P/S$	-	Verhältnis von Wirkleistung zu Scheinleistung.

5. Impedanz und Admittanz

Größe/Gatter	Formel	Einheit	Wofür?
Ohmscher Anteil	$Z_R = R$	Ω	Realer Teil der Impedanz.
Induktiver Blindwiderstand	$X_L = 2\pi fL$	Ω	Widerstand einer Spule gegen Wechselstrom.
Kapazitiver Blindwiderstand	$X_C = 1/(2\pi fC)$	Ω	Widerstand eines Kondensators gegen Wechselstrom.
Komplexe Impedanz	$Z = R + jX$	Ω	Gesamtwiderstand mit Real- und Imaginärteil.
Admittanz	$Y = 1/Z = G + jB$	S	Leitet Strom; G und B sind Leitwert und Suszeptanz.

6. Zeitabhängige Schaltungen

Größe/Gatter	Formel	Einheit	Wofür?
RL-Einschalten	$i(t) = I\infty(1 - e^{-tR/L})$	A	Strom baut sich exponentiell auf.
RL-Ausschalten	$i(t) = I0\, e^{-tR/L}$	A	Strom fällt exponentiell ab.
RC-Einschalten	$u_C(t) = U0(1 - e^{-t/(RC)})$	V	Kondensator lädt sich auf.
RC-Ausschalten	$u_C(t) = U_{C0}\, e^{-t/(RC)}$	V	Kondensator entlädt sich.

7. Transformatoren

Größe/Gatter	Formel	Einheit	Wofür?
Spannungsübersetzung	$U1/U2 = N1/N2$	V	Bestimmt Spannungsänderung.
Stromübersetzung	$I1/I2 = N2/N1$	A	Bestimmt Stromänderung.
Leistung (ideal)	$P1 = P2$	W	Idealer Trafo ohne Verluste.

8. Elektromagnetismus

Größe/Gatter	Formel	Einheit	Wofür?
Magnetische Flussdichte	$B = F/(I\, l)$	T	Misst Stärke des Magnetfelds.
Magnetischer Fluss	$\Phi = B\, A$	Wb	Gesamtzahl der Feldlinien durch Fläche.
Induktivität	$L = N\Phi/I$	H	Gegenspannung bei Stromänderung.
Faradaysches Gesetz	$u = -N\, d\Phi/dt$	V	Induzierte Spannung durch Fluss-änderung.
Lorentzkraft	$F = q(v \times B)$ bzw. $F = I\, l\, B$	N	Kraft auf Ladung oder Leiter im Feld.

9. Energiedichten

Größe/Gatter	Formel	Einheit	Wofür?
Elektrisches Feld	w_e = ½ ε E^2	J/m^3	Energie pro Volumen im elektrischen Feld.
Magnetisches Feld	w_m = ½ μ H^2	J/m^3	Energie pro Volumen im Magnetfeld.

10. Digitale Logik

Größe/Gatter	Formel	Wofür?
UND (AND)	Ausgabe 1, wenn beide Eingänge 1 sind.	Grundlegende Verknüpfung.
ODER (OR)	Ausgabe 1, wenn mindestens ein Eingang 1 ist.	Mindestens eine Bedingung erfüllt.
NICHT (NOT)	Ausgabe ist das Gegenteil des Eingangs.	Logische Negation.
De Morgan	$\neg(A \land B)=\neg A \lor \neg B$; $\neg(A \lor B)=\neg A \land \neg B$	Umformung von Schalttermen.

Quellenverzeichnis

Döring, H., & Blankenburg, R. (2019). Grundlagen der Elektrotechnik: Eine praxisorientierte Einführung mit Aufgaben und Lösungen (15. Aufl.). Springer Vieweg.

Heinemann, K. (2020). Elektrische Maschinen und Antriebe: Grundlagen, Funktionsweise, Anwendungen (6. Aufl.). Springer Vieweg.

Küpfmüller, K., Mathis, W., & Reibiger, W. (2018). *Theoretische Elektrotechnik* (21. Aufl.). Springer Vieweg.

Leonhard, W. (2000). *Control of Electrical Drives* (3rd ed.). Springer.

Mohan, N., Undeland, T. M., & Robbins, W. P. (2003). *Power Electronics: Converters, Applications, and Design* (3rd ed.). Wiley.

Paul, C. R. (2007). Fundamentals of Electric Circuits and Electromagnetic Fields. Wiley.

Preißinger, P. (2021). Elektrotechnik für Ingenieure: Grundlagen, Anwendungen, Prüfungsaufgaben (4. Aufl.). Hanser Verlag.

Sedra, A. S., & Smith, K. C. (2020). *Microelectronic Circuits* (8th ed.). Oxford University Press.